Os limites da ciência

FUNDAÇÃO EDITORA DA UNESP

Presidente do Conselho Curador
Mário Sérgio Vasconcelos

Diretor-Presidente
José Castilho Marques Neto

Editor-Executivo
Jézio Hernani Bomfim Gutierre

Assessor Editorial
João Luís Ceccantini

Conselho Editorial Acadêmico
Alberto Tsuyoshi Ikeda
Áureo Busetto
Célia Aparecida Ferreira Tolentino
Eda Maria Góes
Elisabete Maniglia
Elisabeth Criscuolo Urbinati
Ildeberto Muniz de Almeida
Maria de Lourdes Ortiz Gandini Baldan
Nilson Ghirardello
Vicente Pleitez

Editores-Assistentes
Anderson Nobara
Fabiana Mioto
Jorge Pereira Filho

PETER B. MEDAWAR

Os limites da ciência

Tradução
Antonio Carlos Bandouk

© 1984 Peter B. Medawar
Esta edição foi publicada por um acordo com Harper Collins Publishers
Título original em inglês *The Limits of Science*

© 2005 da tradução brasileira:
Fundação Editora da UNESP (FEU)
Praça da Sé, 108
01001-900 – São Paulo – SP
Tel.: (0xx11) 3242-7171
Fax: (0xx11) 3242-7172
www.editoraunesp.com.br
www.livrariaunesp.com.br
feu@editora.unesp.br

CIP-Brasil. Catalogação na fonte
Sindicato Nacional dos Editores de Livros, RJ

M436l

Medawar, P. B. (Peter Brian), 1915-
    Os limites da ciência/Peter B. Medawar; tradução Antonio Carlos Bandouk. — São Paulo: Editora UNESP, 2008.

    Tradução de: The limits of science
    Inclui bibliografia
    ISBN 978-85-7139-852-8

    1. Ciência   I. Título.

08-3114.
CDD: 501
CDU: 501

Editora afiliada:

Asociación de Editoriales Universitarias
de América Latina y el Caribe

Associação Brasileira de
Editoras Universitárias

Para Jean

SUMÁRIO

Prefácio   9

Um ensaio sobre *scians*   13

A descoberta científica pode ser premeditada?   49

Os limites da ciência   59

Resumo   61

1. *Plus Ultra?*   63

2. O crescimento da ciência é autolimitado?   71

3. Há uma limitação intrínseca ao crescimento da ciência?   79

4. Onde prevalece o *Plus Ultra*   87

5. Para onde, então, devemos nos voltar?   93

6. O propósito da explanação transcendental, e se a religião satisfaz tal propósito   97

7. A questão da existência de Deus   99

Índice remissivo   105

Prefácio

Este é um livro sério escrito de forma bem concisa. Decidi fazê-lo assim por duas simples razões: em primeiro lugar, sempre fui da opinião de que quase todos os livros, sobretudo os relacionados à Filosofia, são demasiadamente extensos. Como estudante em Oxford, ficava fascinado, regozijado, espantado e, ao mesmo tempo, encorajado com as aulas de Filosofia, arrasadoramente céticas e sarcásticas, ministradas pelo filósofo kantiano Thomas Dewar (Harry) Weldon. Aulas organizadas por meu guia e mentor, J. Z. Young, como parte de uma educação intelectual que somente Oxford poderia oferecer. Entretanto, quase desisti da Filosofia, tanto pelo tamanho como pela leitura pesada e pela erudição desagradável, características da principal obra de Alfred North Whitehead. Outro incentivo à brevidade foi a descoberta recente de que algumas das obras filosóficas mais excitantes e reveladoras eram, por coincidência, as mais breves – a maioria das quais do tamanho de um ensaio. Entre essas obras incluo: *Apologie for Poetrie* de Sir Philip Sidney; *Discurso do método* de Descartes (1637); *A Preliminary Treatise on Method* de Samuel Taylor Coleridge (1818), o primeiro volume da *Encyclopaedia Metropolitana*; *Defence of Poetry* de Shelley (1821) contrária às opiniões expressadas no *The Four*

10 PETER B. MEDAWAR

Ages of Poetry (1820) outro pequeno livro – de seu velho amigo Thomas Love Peacock. A essas acrescento *Introduction to Logic* de Immanuel Kant – não é propriamente um livro, nem mesmo de Kant; é, simplesmente, o título dado por T. K. Abbot à sua edição (1885) das conferências sobre Lógica proferidas por Kant, compiladas, após a morte do filósofo, por seu pupilo Jäshce (v.3 de Rosenkranz *Sämmtliche Werke)*. Cito, ainda, *Language, Truth, and Logic* de J. Ayer (1936) e dois pequenos trabalhos científicos que influenciaram muitos imunologistas além de mim: *The Specificity of Serological Reactions* (1936) de Karl Landsteiner e *The Production of Antibodies* por F. M. Burnet e Frank Fenner (1949). Essas obras, de cuja brevidade ninguém se queixou, justificam minha decisão por um livro mais conciso.

Os três ensaios que compõem esta obra foram escritos em estilos diferentes. Em "Um ensaio sobre *scians*" segui o estilo aforístico, adotado por Francis Bacon e William Whewell em muitos de seus escritos. Um estilo de exposição que leva em consideração o interesse do leitor, já que a subdivisão em tópicos desobriga-o a ler assuntos que não o interessam.

O segundo ensaio, "A descoberta científica pode ser premeditada?", começa com uma conferência proferida em 5 de junho de 1980, durante o encontro que reuniu a American Philosophical Society da Filadélfia e a Royal Society de Londres, às quais sou grato pela permissão de reproduzi-la neste livro.

O principal ensaio, "Os limites da ciência", foi escrito no formato de um pequeno livro. Sou cientista profissional e amante da ciência; não haveria maior equívoco sobre o propósito desse terceiro ensaio do que supô-lo, em algum sentido, anticientífico. O propósito de "Os limites da ciência" é, simplesmente, justificar a incapacidade da ciência para responder às questões últimas, repetidamente referidas neste ensaio. Tais questões demonstro estarem além da competência explanatória da ciência. Mas, apesar de tal imperfeição, a ciência é um grande e glorioso empreendimento – o mais bem-sucedido, argumento (p.36-7), no qual o ser humano já se engajou. Censurar a ciência por sua incapacidade

OS LIMITES DA CIÊNCIA **11**

de responder a todas as questões que gostaríamos que ela respondesse é tão insensato quanto censurar uma locomotiva por não poder voar, ou por não poder realizar qualquer outra operação para a qual não foi projetada. Tenho conferenciado sobre os limites da ciência em diversos lugares, sempre recebendo críticas amigáveis, as quais considerei e inseri nos pontos do texto em que mereceram atenção. Boa parte trata da "Lei da Conservação da Informação" (p.49-52) – título sugerido por mim, baseado no artigo do dr. H. A. Rowlands, "A Lei da Conservação do Conhecimento", escrito trinta ou quarenta anos atrás. Fracassei completamente nas minhas tentativas de descobrir e reler esse artigo.

Minha avaliação sobre a significância das Colunas de Hércules para a ciência do século XVII, apresentadas nesse último ensaio, está fundamentada na análise da professora Marjorie Hope Nicolson (então do Smith College). Quanto a isso devo agradecer ao professor Sir Ernst Gombrich, por chamar a minha atenção para pesquisas mais recentes que mostram que essa história é bem mais complicada do que aquela apresentada pela professora Marjorie. Sir Ernst me ajudou reiteradamente, vasculhando em seu vasto tesouro do conhecimento da história da cultura. Fui beneficiado, também, pelas críticas do professor Sir Karl Popper, as quais aceitei todas, bem como por suas correções de certos usos kantianos que eu ainda não havia compreendido muito bem.

Aproveito a oportunidade para agradecer a minha esposa e coautora, Jean, que propôs inumeráveis melhoramentos estilísticos em todo o texto, e também a minha secretária e assistente, senhora Joy Heys, por preparar o livro para a impressão.

Um ensaio sobre *scians*

Aquilo que na língua inglesa é conhecido por todos como "ciência" nem sempre foi assim designado. O *Oxford English Dictionary* nos dá os seguintes homófonos: *sienz, ciens, cience, siens, syence, syense, scyence, scyense, scyens, scienc, sciens, scians*. De todos esses gosto mais do último, que escolhi para dar título ao presente ensaio, embora lamente que os outros não sejam mais usados. Todos derivam, naturalmente, de *scientia*, conhecimento, mas nenhum deles traduz "ciência" apenas com esse sentido. Esse conceito diz respeito a um tipo de conhecimento mais difícil de se obter; que nos inspira mais confiança do que uma simples opinião, um rumor, ou, alguma crença. A palavra "ciência" é empregada como designação geral para, de um lado, os procedimentos da ciência – aventuras do pensamento e estratagemas de investigação que levam ao progresso do aprendizado – e, de outro, a ciência como corpo substantivo do conhecimento, resultado desse empenho complexo, embora, neste último caso, não deva ser vista como um mero amontoado de informações. A ciência é conhecimento *organizado*, todos concordam, e tal organização é muito mais profunda do que a subdivisão pedagógica das "logias" convencionais, cada uma ordenada em subtópicos. A ciência é, ou pretende ser, *dedutivamente ordenada*.

14 PETER B. MEDAWAR

Leva em conta, princípios, leis e outras sentenças gerais das quais as sentenças sobre particularidades ordinárias nos levam aos teoremas. As ciências, entretanto, não começam dessa maneira; e nem sempre terminam assim, ou seja, numa forma clara e dedutivamente ordenada. Samuel Taylor Coleridge escreveu *A Preliminary Treatise on Method*, onde lamenta que a Zoologia, tal como a estudou, foi tão abatida por uma profusão de informações particulares, "sem evidenciar a menor promessa de autossistematização por qualquer combinação interna de suas partes" que corria o risco de se fragmentar.

Certamente foram Lineu, bem como Darwin e seus discípulos, que livraram a Zoologia daquele amontoado de fatos ostensivamente não relacionados. Todas as ciências que julgamos maduras apresentam um tipo de conexão interna que Coleridge lamentava que a Zoologia não apresentasse também. Esse tipo de conexão dá à ciência grande estabilidade e poder para assimilar mais informações. Numa ciência bem estabelecida é impossível imaginar uma situação na qual um simples fenômeno possa vir a abalar os seus fundamentos e fazê-la ruir. De maneira correspondente, a ciência nunca deu qualquer sinal de autoquestionamento sobre suas premissas e suposições mais fundamentais. Outra propriedade que coloca as ciências genuínas à parte daquelas que arrogam para si tal título, sem realmente o merecer, é a sua capacidade preditiva. Newton e a Cosmologia são testados toda vez que surge uma nova informação nos almanaques náuticos e são corroborados toda vez que a maré sobe ou recua, assim como pelo reaparecimento periódico do cometa Halley. Creio que essa embaraçosa fragilidade preditiva tenha sido o fator isolado mais importante na negação da designação de "ciência" à economia, por exemplo.

A verdade. A verdade, como sabemos, se apresenta sob diversas formas, nem todas totalmente compatíveis entre si. Existem as verdades espirituais ou religiosas, por exemplo, e existem também as verdades poéticas, as quais Sir Philip Sidney, com seu espírito aristotélico, defendeu contra aquela noção rude e intimidante da verdade que é comum a historiadores e cientistas.

OS LIMITES DA CIÊNCIA **15**

Na História e na ciência a imaginação ficou restrita e confinada às *"descobertas do historiador"*, nas próprias palavras de Sidney. O poeta, entretanto, pode representar a natureza, ou, o passado, como deve ser, ou, como deveria ter sido, isto é, numa "forma doutrinável" – uma forma encontrada para o magistério de aulas salutares.

A verdade científica, no sentido que devo descrever e explicar a seguir, muitas vezes é concebida como a meta de um trabalho científico, "assíntota"* poderia ser a melhor palavra, já que na ciência nenhuma certeza é irrefutável ou além do alcance das críticas.[1] Não há nenhuma meta substantiva; há somente uma direção, aquela que leva à "Ultima Thule",** a assíntota do empreendimento científico, a "verdade".

O cientista está sujeito àquela concepção da verdade mais trivial; concepção esta que nos levou, por exemplo, à invenção de veículos capazes de voar e ao desenvolvimento da Medicina. É a chamada "teoria da correspondência da verdade", a qual Alfred Tarski[2] procurou esclarecer. Ele coloca da seguinte maneira: "Uma sentença verdadeira é tal, quando afirma que uma dada coisa é assim, se e somente se, ela for, certamente, assim". Por exemplo, considere a seguinte proposição: "O peso atômico do potássio é 39". Essa proposição é verdadeira, se e somente se, o peso atômico do potássio for, de fato, 39. Esse tipo de declaração sempre provoca menosprezo

---

* A assíntota na definição matemática é a linha que se aproxima indefinidamente de uma curva sem jamais cortá-la. (N.T.)

1 Essa é, também, uma opinião profissional: Charles Sanders Peirce, principal filósofo americano da mente, escreveu: "as conclusões da ciência não pretendem ser mais do que aquilo que seria provável", e John Venn disse: "nenhum objetivo último é alcançado por um exercício da razão humana;" e Immanuel Kant: "hipóteses sempre serão hipóteses, isto é, suposições sobre uma certeza que nunca alcançaremos".

** A Última Thule de acordo com a geografia medieval designa um local distante, além dos limites do mundo conhecido. Lugar mítico, capital de Hyperborea, supostamente o berço dos arianos. (N.T.)

2 *Logic, Semantics, Metamathematics: Papers from 1923 to 1928*, trad. de J.H. Woodger (Oxford, 1956).

16 PETER B. MEDAWAR

daqueles de mente mais estreita que entendem tais argumentações como mais uma evidência das preocupações dos filósofos com trivialidades. Cometemos um erro ao pensar ou falar assim. O que Tarski está dizendo é que as noções de verdade e de falsidade são conceitos metalinguísticos, por isso são apenas sentenças ou "proposições" pelas quais a verdade ou a falsidade pode ser afirmada ou negada. Qualquer afirmação ou negação deve, portanto, ser uma sentença sobre uma sentença, transmitida naquela linguagem – metalinguagem – na qual discursamos sobre outra linguagem. Assim como Moisés na batalha contra os amalequitas, a metalinguagem tem duas armas que devem estar sempre de prontidão: a Sintaxe Lógica e a Semântica. A Sintaxe Lógica trata das regras do raciocínio (da dedução, por exemplo) e, geralmente, da transformação da sentença. Já a Semântica lida com a noção do significado e da verdade. Tal concepção da verdade é muito simples e de senso comum, mas, evidentemente, funciona, pois a ciência está fundamentada nela. Não é o tipo de concepção que elucida as belas-artes, ou, que tenha muita relevância para a arte, exceto sob circunstâncias especiais como a falsa atribuição da autoria de uma pintura, de uma sonata ou de um poema.

O maior pecado que um cientista enquanto tal pode cometer é declarar como verdadeiro aquilo que não é. Se um cientista não pode interpretar determinado fenômeno que está estudando, ele tem por obrigação permitir que outro possa tentar fazê-lo. Se um cientista estiver sob suspeita de falsificação ou invenção de dados, para promover seus interesses ou corroborar sua hipótese predileta, ele será relegado a outro mundo, separado da vida real por uma cortina de descrença. Isso acontece porque a ciência, como qualquer outro tipo de ocupação humana, procede somente numa base de confiança, ou seja, desde que os cientistas não suspeitem de práticas desonestas e acreditem uns nos outros, a menos que existam bons motivos para não fazê-lo.

A incompreensibilidade da ciência; especialização. É muito fácil superestimarmos o grau em que a ciência se encontra alienada dos seres humanos, principalmente devido a sua reputada incompreensibilidade. Se quisermos, *podemos* compreender a essência da ciência a exemplo de Barbara Ward, reconhecidamente uma mulher de grande inteligência, mas não uma cientista. Ela publicou um livro, *Only One Earth: The Care and Maintenance of a Small Planet* (escrito com Renée Dubos, 1972), um monumento tanto à inteligência quanto ao desejo de aprender, e ao que ambos poderiam fazer contra as limitações do pensamento que isolam a ciência do restante do mundo. No geral, as *ideias* da ciência costumam ser muito simples. Uma ideia como "a massa da Terra" não é tão difícil de compreender. O que *pode* ser difícil de compreender é a maneira pela qual seu valor é determinado, ou seja, é o desempenho científico, e não a concepção, que tende a confundir o público leigo.

Quanto à especialização dos cientistas, sabemos que discursos de formatura e outras elocuções públicas sobre coisa nenhuma (frequentemente confiados a cidadãos proeminentes que nada têm a dizer) repetem sempre a mesma coisa, ou seja, como o aumento da especialização torna os cientistas mutuamente incompreensíveis e inacessíveis ao público em geral. Tal generalização sobre os cientistas, discutida mais adiante (p.42-4), simplesmente não procede. Os cientistas, na verdade, estão se tornando menos especializados. Essa revelação provavelmente deixará alguns vazios nos discursos de formatura, vazios que poderão ser preenchidos com alguma coisa original, ou, ao menos, verdadeira.

A ciência e as unhas do mandarim. Diz-se que na China antiga os mandarins deixavam as suas unhas – ou apenas uma delas – crescer tanto que se tornavam inadequadas para qualquer atividade manual, deixando claro para todos que os mandarins eram criaturas refinadas e elevadas demais para tais ocupações. É o tipo de atitude que agrada apenas aos ingleses, que ultrapassam em esnobismo todos os outros povos. Nossa aversão pelas ciências aplicadas e pelos negócios é a responsável, em grande parte, pela posição que a Inglaterra ocupa hoje. Todavia, nem sempre foi assim. As pessoas que hoje menosprezam os cientistas que fazem ciência aplicada e os

18   PETER B. MEDAWAR

ridicularizam, talvez nos tempos de Carlos II zombassem dos virtuoses da Royal Society, muitos dos quais, engajados na ciência "pura", um tipo de ciência especialmente burlesco; como, por exemplo, a pesagem do ar. Será que podemos apalpar o ar? O dramaturgo Thomas Shadwell (1642-1692) compreendeu exatamente esse problema na sua peça teatral, *The Virtuoso*. Quando a cortina sobe, Sir Nicholas Gimcrack aparece deitado de bruços sobre a mesa de seu escritório, movimentando os braços e as pernas como se estivesse nadando. Ao perguntarem se ele gostaria de aprender a nadar, Sir Nicholas responde: "De maneira nenhuma! Tenho pavor de água. Fico satisfeito apenas com a parte especulativa da natação, não me preocupo nem um pouco com a prática de nadar". E mais: "Raramente faço alguma coisa com a intenção de praticá-la; não faz parte do meu jeito de ser. O conhecimento é a minha meta principal". Com o desenrolar da peça, outras ambições igualmente burlescas são reveladas. Desse modo, sempre houve uma tensão entre ciência "pura" e ciência "aplicada", como ainda hoje. Entre aqueles que falavam dessa tensão, Bacon, como sempre, foi a voz de maior alcance. A influência dele foi tão grande que chegou a ser confundido com Shakespeare, a ponto de ser considerado o autor de suas peças teatrais. "Experimentos frutíferos", disse Bacon no Prefácio do *Novum Organum* (1620); não bastavam, pois era preciso haver também "experimentos da luz". A luz era a própria luz de Bacon, *lumen siccum*, a luz do conhecimento.

Thomas Sprat, em sua grande história da Royal Society (1667), já confirmava as preferências de Bacon, e acrescentava que se lamentar de que as descobertas da ciência não conduzem a resultados práticos é tão ingênuo quanto se lamentar de que nem todas as estações do ano são estações de colheita e vindima. Mas, apesar dessa defesa, a superioridade da ciência pura em relação à aplicada já havia alcançado o *status* de axioma – algo, portanto, por si só verdadeiro e que não requer qualquer demonstração. Isso não apenas caracterizava a ciência aplicada como vulgar – executada somente por servos e escravos – mas, também, fez que os axiomas ou os princípios das ciências puras, como a teologia, sua famosa rainha, ficassem conhecidos; não por qualquer manifestação empírica vulgar, como observações ou medições de coisas, ou (*puf!*), experimentações com essas coisas, mas por pura intuição ou revelação. Dessa maneira, esses axiomas estariam – ao contrário das ciências empíricas – irrefutavelmente certos.

Cientistas. Os cientistas já foram designados por tantos nomes quantos são os tipos de ciências que professam. Charles Onions em seu *Dictionary of English Etimology* (Oxford, 1976) cita algumas dessas designações: *sciencer, sciencist, scientman* e *scientiate*. O termo mais obsoleto foi "homem de ciência", com o significado que hoje nos obrigaria a usar o mais politicamente correto "pessoa de ciência". Todos esses termos foram substituídos por um, proposto pelo grande nomenclador William Whewell, mestre do Trinity College, Cambridge (p.25, 40, 55, 88), que, na introdução de seu *The Philosophy of the Inductive Sciences* (1840), escreveu: "Precisamos muito de um nome para descrever aquela pessoa que cultiva a ciência em geral. Proponho chamar tal pessoa de 'cientista'".

Os matemáticos, reputados como pessoas raras e especiais, regozijam-se pela prática de um dom, que estaria muito além do desempenho, e talvez da concepção, das pessoas comuns. O mesmo já não se pode dizer dos cientistas. As pessoas comuns podem se dar bem com a ciência. Tal afirmação não deprecia a ciência, mas preza as pessoas comuns. Entretanto, o indivíduo para se dar bem na ciência tem de *querer* se dar bem – ele deve se empolgar quando surge aquela inquietação devido a um problema mal compreendido, por exemplo; uma das poucas marcas que caracterizam o cientista. Penso que a falta desse espírito exploratório e investigativo é que torna impensável para muitas pessoas que elas poderiam e deveriam ser cientistas. Bons cientistas, frequentemente, possuem virtudes antiquadas como aquelas que os professores sempre afirmaram não ter esperança de inculcar em nós. Essas virtudes são: temperamento sanguíneo que espera ser capaz de resolver determinado problema; poder de aplicação, bem como aquela coragem que mantém os cientistas em pé diante de muitas situações que poderiam derrubá-los

20 PETER B. MEDAWAR

e, acima de tudo, persistência, ou seja, uma recusa obstinada em desistir e admitir a derrota.

Ciência e críquete. Deixem que eu explique bem, apenas para afastar qualquer mal-entendido que possa surgir do título deste tópico. Não é possível lançar uma bola de críquete de tal maneira que ao tocar o chão pela primeira vez ela salte para uma certa direção, e, ao tocá-lo pela segunda, ela tome outra direção. As duas ideias ficaram associadas em minha mente porque certa vez li um artigo muito convincente, de um autor das Antilhas, sobre a função social do críquete naquela região. Ele falava de como a habilidade no jogo de críquete poderia abrir, aos jovens, uma janela para um mundo que, de outra maneira, talvez nunca viessem a conhecer. Uma vida próspera e prazerosa, muitas oportunidades de conhecer novas pessoas e de desfrutar muitas viagens, o que daria certo *status* e um sentimento de autoestima à vida desses jovens.

Tudo isso é uma parábola para enfatizar que essas coisas podem acontecer também com estudantes universitários normais. Digo normais no sentido de não terem nascido em famílias ricas ou especialmente bem-educadas, ou, de não terem desfrutado as vantagens reais de uma dispendiosa educação particular. Para tais pessoas, a ciência pode fazer aquilo que o jogo de críquete tem fama de fazer pelos jovens das Antilhas. Uma carreira científica é acessível a quase todos, pois não requer capacidades raras, superiores ou incomuns. A carreira científica distingue-se também como uma das grandes oportunidades oferecidas por uma sociedade democrática e liberal. Além disso, a própria ciência é suficientemente diversificada para satisfazer a todos os temperamentos. "Entre os cientistas", escrevi certa vez, "estão coletores, classificadores e ordenadores compulsivos; muitos são detetives por temperamento, muitos são exploradores; alguns são artistas e outros artesãos. Existem cientistas-poetas e cientistas-filósofos e até mesmo alguns poucos cientistas-místicos... e a maioria daqueles que, de fato, optaram pela carreira de cientista, poderia muito bem ter seguido outro caminho".

Ciência e cultura. Uma das maneiras – compreensíveis, porém infamantes – pelas quais os ingleses, tradicionalmente, se vingam dos norte-americanos devido à prosperidade e a competência destes, invejadas por nós, é menosprezá-los por serem novos-ricos, ou seja, *nouveaux*. Tal atitude é sintetizada por uma história que mostra o quanto os ingleses são arrogantes. Certa vez um jardineiro da faculdade de Oxbridge criou um certo atrito com um visitante norte-americano, também jardineiro, que queria saber como poderia ter um jardim tão bonito e perfeito como o de seu colega inglês. O jardineiro inglês disse então: "Basta apenas aparar o gramado e regar; aparar e regar por trezentos ou quatrocentos anos". Solto os cachorros se ouvir essa história novamente!

É com esse mesmo espírito que nossos colegas das artes humanas se vingam dos cientistas, por estes serem tão diligentes e bem-sucedidos nas suas ocupações e por conseguirem grandes subvenções governamentais. Sendo assim, não seriam os cientistas os "novos ricos" do câmpus universitário, esses negociantes pouco educados que mal sabem se expressar, de sensibilidades frouxas, com os quais levar uma conversa à mesa seria tal qual uma provação?

Pois bem. Não seria, então, função de uma "universidade", merecedora dessa designação, aculturar essas infelizes pessoas? Alguma coisa como preleções culturais para cientistas poderia solucionar esse problema. Entretanto, nas universidades modernas parte-se do pressuposto de que os estudantes não aprendem nada, e talvez nem *devam* aprender, a respeito de assuntos sobre os quais não tenham assistido a palestras. Todo aquele esquema medonho de relevar a importância das ditas preleções culturais de nada adiantou, pelo menos nas universidades a que estive associado. Assim, não precisamos mais ficar embaraçados diante do desinteresse dos estudantes de Engenharia Química, coagidos a assistir preleções sobre o romance inglês, ou sobre as origens do movimento romântico alemão. Um jovem cientista que não tome a iniciativa de ler, de ouvir música, ou de visitar galerias de arte e discutir sobre simpatias e antipatias culturais, encontra-se numa tal situação que não pode ser remediada por preleções culturais, às quais, provavelmente, não

22 PETER B. MEDAWAR

teria o bom-senso de comparecer. Se existisse um Ernst Gombrich ou um Kenneth Clark em todos os câmpus universitários, a história poderia ser outra. Pessoas desse nível intelectual infelizmente estão em falta. O que, entretanto, *podemos* encontrar na maioria das universidades são bibliotecas, rádios, discos e dezenas de entusiastas, ansiosos para comunicar e compartilhar seus entusiasmo. Assumo, também, a visão – que certamente teria sido compartilhada pelo dr. Samuel Johnson – de que os estudantes de Letras não querem nada com as conferências sobre "o" método científico (qualquer que seja), ou sobre os supostos "princípios" da Física, Química ou da Genética. O problema é que os jovens estudantes de Literatura Inglesa não ligam muito para as preleções de ciência nem para o que estas poderiam lhes acrescentar. Minha longa experiência me ensinou que as pessoas importunadas pela vontade de aperfeiçoar a mente de seus colegas estão, na verdade, entre aquelas menos capazes de assim o fazer.[3]

Uma apologia para a ciência? Todos que estudam a ciência se sentem na obrigação de desculpá-la pelos crimes que ela não cometeu, como: a deterioração da nossa qualidade de vida, a diluição de nossas esperanças por mais melhoramentos, a espoliação do ambiente e tudo o mais. Lembro-me, muitos anos atrás, de um artigo que saiu em um semanário. O texto dizia que estava cada vez mais difícil reconciliar os benefícios trazidos pela Medicina com a ideia geral – uma verdade que já é aceita –, de que a ciência trabalha em toda parte para depreciar o homem.

---

3 Ainda me lembro, quando estava na Universidade de Birmingham, do menosprezo de um membro do corpo docente de Literatura Inglesa, ao contar-me sobre o professor de Física que pronunciou a palavra "epítome" em três sílabas em vez de quatro. Meu Deus, que carnaval ele fez dessa história! Ele falou de maneira tão séria, como se estivesse me contando que um professor de economia rural – supondo certamente que seus colegas não poderiam reconhecer uma pá, mesmo se vissem uma – tivesse desviado as verbas do departamento e fugido com elas.

OS LIMITES DA CIÊNCIA   **23**

O editor do *Sunday Express* de Londres (um jornal de grande circulação) uma vez escreveu: "A ciência nos deu a Segunda Guerra Mundial", cometendo o erro elementar de responsabilizar as armas pelo crime. Creio que nem mesmo ele iria ao extremo de responsabilizar a ciência pelo nacionalismo, pelos políticos inábeis e pelos generais ambiciosos, como aqueles que em Passchendaele e em Somme quase acabaram com as tropas britânicas, durante a Primeira Guerra Mundial.

A ciência é responsabilizada pelo enegrecimento e empobrecimento do solo improdutivo do interior industrial da Inglaterra e da costa oriental dos Estados Unidos, como podemos observar, quando viajamos de trem de Nova York à Filadélfia. A ciência também é responsabilizada pela espoliação e poluição da região rural, ainda que tais problemas sejam, quase todos, o resultado do capitalismo *laissez-faire* do século XIX e da filosofia da vantagem comercial. Para essa política, os interesses do ambiente representam um obstáculo evidente, e os ambientalistas, um estorvo desconcertante. As acusações contra a ciência em nada ajudam os cientistas. Estes devem aprender a considerar que uma das principais funções sociais da ciência é atuar como bode expiatório dos erros e malefícios de seus mestres políticos. Com essa visão conciliatória, os cientistas, assim como eu, devem estar magoados pelo fato de a ciência estar sendo incriminada por crimes ambientais, causados pelo conluio da negligência, do interesse pessoal e da ganância.

Inferência científica. Raciocínio científico, escreveu Samuel Taylor Coleridge em seu livro *Aids to Reflection* (1825), "é a capacidade de se chegar a verdades universais e inevitáveis, a partir de fenômenos particulares e contingentes". Essa linha de pensamento é descrita como "indutiva" e, por muito tempo, supôs-se que a indução seria o método característico da ciência.

Embora depois ele tenha questionado essa crença e tenha até pensado se a palavra indução não deveria ser completamente abandonada, William Whewell certamente acreditou na indução. Logo no começo do livro *History of the Inductive Science* (1837),

24 PETER B. MEDAWAR

ele escreveu: "O avanço da ciência, consiste em formar leis gerais a partir de fatos particulares combinando as diversas leis em uma generalização mais elevada que ainda contenha a sua verdade primeira". Os principais partidários da indução foram John Stuart Mill (1806-1873) em *A System of Logic* (1843) e Karl Pearson (1857-1936) em *The Grammar of Science* (1892). Os maiores oponentes da indução foram William Whewell (1794-1866) em *Philosophy of The Inductive Sciences* (1840) e Karl Popper em *The Logic of Scientific Discovery* (1959). Em *Pluto's Republic* abordei detalhadamente os prós e os contras da indução e, portanto, não preciso voltar a esse assunto. O ponto essencial é que não há procedimento logicamente rigoroso pelo qual uma "verdade" indutiva possa ser provada. Mesmo no tipo mais simples de indução iterativa, tal como aquele exemplo preferido dos filósofos, "Todos os cisnes são brancos", tudo o que sabemos por evidência é que, neste caso, alguns cisnes são brancos, e dessa maneira qualquer outro cisne também deve ser branco. Todavia, a transição dessa particularidade para uma generalização mais audaciosa, na qual *todos* os cisnes são brancos, não tem nenhuma justificativa racional. Isso está relacionado a um ato da mente – ou ato de fé – que Whewell chama de "superindução", pois uma generalização não pode conter mais informação do que a soma de seus casos particulares. Supor de outra maneira seria desconsiderar a "Lei da Conservação da Informação" (p.82-86). Leis candidatas de origem supostamente indutiva são igualmente incapazes. Tais leis são presas fáceis para inúmeros paradoxos sérios que transgridem a lógica e o bom-senso. Desse modo, Bacon observou que uma simples indução iterativa pode ser perturbada por um único caso contraditório, o que não acontece com a maioria das hipóteses científicas.

Desses paradoxos menciono apenas dois que perturbam essas simples induções enumerativas. A ideia de que uma indução do tipo "Todos os cisnes são brancos" possa vir a ser corroborada pela descoberta de uma velha bota preta no meio de um entulho confunde o nosso bom-senso. Explico: se todos os cisnes são brancos, segue logicamente que todos os objetos não brancos são não cisnes.

Se, então, qualquer objeto preto for descoberto, e um exame mostrar não se tratar de um cisne, confirmamos a predição lógica da hipótese "todos os cisnes são brancos", o que seria mais um incentivo para acreditarmos nessa hipótese. O filósofo cético Sextus Empiricus, que viveu no século III d.C., propôs um paradoxo estritamente lógico que impressionou John Stuart Mill e John Neville Keynes (pai de John Maynard) em seu livro *Studies and Exercises in Formal Logic*.

Considere um silogismo no qual sua premissa maior é uma generalização indutiva:

Premissa maior: Todos os homens são mortais.
Premissa menor: Sócrates é um homem.
Conclusão: Sócrates é mortal.

O ataque a esse silogismo por Sextus Empiricus foi contra o *petitio principii* pois, exceto por *já* sabermos que Sócrates é mortal, o que nos assegura que "todos os homens são mortais", como declarado na premissa maior?

Há duas saídas para essa importante objeção: (1) O silogismo não deve ser lido numa forma assertiva, mas sim numa forma condicional: se..., e se..., então...; (2) Há o mesmo elemento de *petitio principii* em todo exemplo de raciocínio dedutivo, como aquele explicado nas páginas 83-84; tudo o que uma dedução pode fazer é revelar aquilo que já estava presente nas premissas. Todos os teoremas de Euclides, certamente, são questões tidas como provadas. Nenhum desses teoremas acrescenta nada além daquilo que já estava contido em seus axiomas e postulados.

Por essas e por outras razões, fico com a opinião de William Whewell, Bertrand Russel e Karl Popper de que os cientistas não fazem suas descobertas nem por indução, nem por qualquer outro método. "O" método científico é, portanto, ilusório. "Uma arte da descoberta não é possível", diz William Whewell, e mais de um século depois podemos afirmar com igual confiança que não existe algo como um cálculo da descoberta, ou uma relação de regras pelas quais

26 PETER B. MEDAWAR

somos conduzidos à verdade. Por que, então, um homem inteligente como John Stuart Mill acreditou que poderiam ser propostas regras, como aquelas, esboçadas no capítulo oito de *A System of Logic*? Uma das razões foi por ele não ter compreendido, realmente, o caráter exploratório da ciência. Nesse trabalho ele escreve como se as informações acumuladas e cuidadosamente ordenadas, durante anos, pelos cientistas pudessem ser submetidas às suas regras, tal qual algum tipo de "inteligência artificial" (p.85). O procedimento foi tão habilidosamente satirizado por Lord Macaulay, que não é mais levado a sério. Além disso, Mill não fazia uma clara distinção entre as metodologias da descoberta e as metodologias da prova.

Darei, agora, um exemplo de investigação científica simples, extraído de um cenário hipotético-dedutivo do nosso cotidiano, apenas para mostrar que a morada nos contrafortes do Monte Parnaso não se faz necessária.

Uma ocupada dona de casa descobre que a luminária da sua mesa de trabalho não está funcionando. Qual seria o motivo? O fusível e a tomada da parede não eram, pois o ferro de passar ainda funcionava quando ligado lá. A lâmpada daquela luminária também não era, pois esta funcionava na luminária da máquina de costura. O interruptor, de modelo ultrapassado, já havia apresentado problemas antes. Poderia ser isso? Por via das dúvidas, primeiro ela decidiu ligar a luminária em outra tomada que sabia estar em ordem. Não funcionou. Finalmente resolveu substituir o interruptor da luminária por outro sobressalente. A luz, então, voltou a acender. Era esse o problema. Tal exemplo representa o método hipotético-dedutivo que William Whewell imaginou, e difere apenas em grau de dificuldade daquele que o cientista emprega na investigação de problemas mais difíceis e mais complexos. Os procedimentos lógicos são diretos, e qualquer pessoa acostumada com as complexidades do mundo moderno terá muitas oportunidades de lidar com tais processos. Essa é a característica do método hipotético-dedutivo, no qual a informação empírica é reunida a partir das observações e dos experimentos requeridos pela formulação da própria hipótese: nenhuma informação é obtida do nada.

Mas por que os cientistas algumas vezes gostam de pensar – como Darwin certamente achava – que procedem por indução? Isso acontece porque o mito da indução está de acordo com a própria imagem que o cientista faz de si mesmo: um profissional comum e direto, que reflete sobre os fatos e os cálculos – alguém muito diferente de um filósofo, de um poeta ou de um escritor criativo; um verdadeiro Thomas Gradgrind, como retratado por Dickens em *Hard Times* (1854).

A verdade é que não há tal coisa a que chamamos de "inferência científica". O cientista conhece diferentes estratégias de pesquisa para se aproximar da verdade. Essa aproximação é feita com uma qualidade frequentemente descrita como "profissionalismo"; o que inclui uma capacidade de lidar com as ideias, encorajada por uma expectativa de sucesso e, também, uma capacidade para *imaginar* o que seria a verdade, capacidade esta que Shelley (p.56) acreditava ser cognata à imaginação do poeta.

Ciência e política. Alguns colegas dirão que sou sensato, outros, que sou desleal, quando eu declarar que os problemas políticos e administrativos não são, em geral, de caráter científico, já que nem a educação científica nem a carreira de pesquisador preparam alguém para resolver tais problemas. Não acredito, por exemplo, que a chegada do milênio não teria sido muito adiada caso todos os membros do Parlamento e do Congresso fossem treinados em ciência. Considero minhas opiniões tão obviamente corretas que nem seria o caso de justificá-las. Apenas quando os problemas que nos confrontam tiverem algo a ver com a evidência científica é que poderemos esperar mais da ciência. Em tais situações os cientistas deveriam ser consultados e suas recomendações, consideradas. Certa ocasião quando eu dirigia o National Institute for Medical Research (Instituto Nacional de Pesquisa Médica) em Londres, o prefeito de uma grande cidade norte-americana me escreveu, pedindo minha opinião sobre a fluoretação da água. Eu, então, coloquei diante dele a evidência epidemiológica. Ajudei-o a apreciar tal evidência, dizendo--lhe que toda vez que um município norte-americano determinava

28 PETER B. MEDAWAR

contra a fluoretação da água, havia um pequeno clamor de júbilo num canto qualquer do Monte Olimpo, presidido por "Banguela", o Deus da Cárie. A parte mais difícil da fluoretação, certamente, não é de natureza científica. Gostaria de dizer às minorias descontentes que o propósito da fluoretação não é envenenar a população em prol dos interesses de um poder externo, nem tampouco promover os interesses de alguma indústria química local que empregue muita mão de obra.

Muitas pessoas que têm por obrigação compreender melhor as coisas derivam suas concepções sobre a ciência dos livros para adolescentes ou das ficções científicas mais extravagantes. Logo depois da Segunda Guerra Mundial, um bispo anglicano escreveu para o *Times* de Londres, perguntando se os Aliados não poderiam concordar em destruir a fórmula da bomba atômica, como se isso fosse receita de bolo. É de espantar a magnitude desse falso juízo.

Os políticos tendem a ter uma má opinião e uma atitude injustificada de ressentimento com relação à ciência e aos cientistas, as quais devo ilustrar mais adiante. Acredito, entretanto, que seja regra geral para orientação dos políticos (parafraseando Bertrand Russell) que, quando os peritos são unânimes em manter determinada opinião, a visão contrária não deve ser considerada certa. Nunca encontrei um cientista que não acreditasse que os efeitos da radiação ionizante da bomba nuclear, em especial os efeitos sobre o ácido desoxirribonucleico, vetor da informação genética, fossem tão assustadores que excederiam todas as outras considerações no planejamento da política nacional, entre as quais incluo o orgulho nacional. Devido a sua posição geográfica estratégica, a Inglaterra é especialmente vulnerável à guerra nuclear. E quando leio sobre nossos projetos relacionados à defesa civil, sinto que os políticos subestimam em muito a gravidade de tal ameaça. A tragédia e a destruição consequentes da guerra nuclear não podem ser compreendidas nem pela coragem britânica, nem pelo espírito de esforço hercúleo. O sofrimento que a população civil poderá enfrentar nessa situação será muito maior do que a falta do leite e do que o atraso do jornal, já que, no fim, tudo poderá ser vaporizado.

OS LIMITES DA CIÊNCIA 29

Vou relatar agora o melhor exemplo que conheço de sinergia entre ciência e governo. Durante a Segunda Guerra Mundial, a necessidade de racionamento, na Inglaterra, fez que o governo central determinasse não apenas como as pessoas deveriam se alimentar, mas também a natureza dos alimentos que deveriam ser consumidos. O então ministro do Abastecimento, Lord Woolton, procurou amparo científico na ciência nutricional – e encontrou. A pesquisa fisiológica já havia mostrado os ingredientes essenciais de uma dieta apropriada para as crianças. Naquela época a disponibilidade dessa dieta foi legalizada, resultando em bebês mais fortes e saudáveis do que os da geração anterior. Os intelectuais, entretanto, ficaram preocupados, pois aquela mesma dieta, que foi importante nos tempos de guerra, acabou por acelerar o início da maturação sexual naquelas crianças. Isso, sem dúvida, contribuiu para uma redução na média de idade para o casamento, bem como para o aumento da proporção de nascimentos extramaritais; mas aí está a ação da ciência.

Outro exemplo de sinergia entre ciência e governo que diz respeito às propostas sanitárias de Edwin Chadwick (1800-1890), já não teve um desfecho muito feliz. Chadwick foi um herói cultuado da ciência ambiental e autor do importantíssimo *Report... on an enquiry into the sanitary condition of the labouring population of Great Britain* (1842) [Relatório... sobre uma sindicância das condições sanitárias da população trabalhadora da Grã-Bretanha (1842)], trabalho tão importante quanto *A situação da classe trabalhadora na Inglaterra* de Friederich Engels (1845). O apoio de Chadwick levou à aprovação do Decreto de Saúde Pública de 1848, aprovação esta que provocou um grande descontentamento público, pois as propostas de Chadwick (como a legislação ambiental da Inglaterra e dos Estados Unidos, atual) impunham obrigações custosas sobre os fundos públicos e sobre os fabricantes. O *Times*, por exemplo, chegou a dizer que o direito de cada um morrer à sua própria maneira, sem interferência do governo, era um direito democrático elementar de todo cidadão. Num editorial sobre a proposta de construir um sistema de esgoto para Londres, o mesmo jornal fez

30 PETER B. MEDAWAR

o seguinte comentário: "Preferimos correr o risco de pegar cólera e morrer, do que sermos obrigados a cuidar de nossa saúde. A Inglaterra deseja ser limpa, mas não por Chadwick".[4]

Entre aqueles que preferiram correr esse risco, concordando com *The Times*, estava o marido da rainha Vitória: Albert, o príncipe consorte, que morreu de febre tifoide aos 42 anos. A água do castelo de Windsor foi, sem dúvida, contaminada por 52 fossas transbordantes descobertas após sua morte.

Exemplo de atitude anticientífica da Câmara dos Comuns foi relatado por uma autoridade médica, o professor M. McIntyre (*Hystory of Medicine*, March/April 1980).

Um grande benfeitor da humanidade como Edward Jenner pode, certamente, ser considerado herói nacional, mas a proposta de erigir sua estátua em *Trafalgar Square* foi severamente denunciada no Parlamento: "Jenner não tem lugar entre os heróis navais e militares do país", e, certamente, "poluiria e profanaria nosso solo". A estátua de Jenner foi removida do lado norte dos Jardins de Kensington, embora tanto em Boston como em Boulogne tenham sido construídas estátuas em honra àqueles que meramente introduziram a vacinação nos Estados Unidos e na França, respectivamente. (Ver também "Postura anticientífica", p.43-4).

A arte do solúvel. Tomando de empréstimo uma expressão de Bismarck – ou seria de Cavour? – certa vez, observei que se a arte da política for, de fato, a arte do possível, então a arte da pesquisa científica deve ser, certamente, a arte do solúvel. Uma feliz expressão, pensei – e mais, é a pura verdade. Um problema que parece ser solúvel já é um problema resolvido pela metade. Darei como exemplo a minha própria pesquisa. Sou considerado – e apresentado sempre antes das conferências – o sujeito cujo trabalho tornou possível o transplante de órgãos.

---

4 Ver Bryan Magee, *Toward Two Thousand* (Londres: McDonald, 1965).

OS LIMITES DA CIÊNCIA **31**

Isso simplesmente não é verdade, pois não há uma conexão causal direta entre a minha pesquisa e o triunfo do transplante de órgãos moderno. O transplante de órgãos foi introduzido na Medicina por corajosos cirurgiões da França, Estados Unidos e Inglaterra. Os primeiros casos de transplante para gêmeos idênticos, entretanto, não foram muito bem recebidos, nem por mim, nem por meus colegas. Até aquela época não havia nenhum relato de transplante bem-sucedido entre seres humanos geneticamente não aparentados. Alguma barreira, longe de ser sobrepujada, ainda estava impedindo o transplante de células e tecidos entre indivíduos diferentes. Na época, não era nada óbvio que essa barreira pudesse algum dia vir a ser superada. Por um lado, ela existia há centenas de milhões de anos e já estava plenamente desenvolvida no estágio evolutivo representado pelos peixes ósseos modernos. Graças ao trabalho de George Snell em Bar Harbor, no Maine, e Peter Gorer no Guy's Hospital, em Londres, compreendemos agora que as substâncias que estimulam a reação de rejeição ao enxerto – os "antígenos" do transplante – já estão geneticamente programadas. Assim como grande parte da constituição inata de uma pessoa, tal como seu grupo sanguíneo, seria pouco provável que essas substâncias pudessem ser alteradas.

Devo relatar, agora, a interessante, e, como diria Sir Philip Sidney, "instrutiva" história de como o problema do transplante mostrou-se solúvel. Tudo começou em 1958, em um congresso internacional de Genética em Estocolmo. Encontrei naquela ocasião o dr. Hugh Donald, da Nova Zelândia, brilhante geneticista que, na época, era diretor da Animal Breeding Research Organisation (Organização de Pesquisas de Criação Animal), em Edimburgo, um órgão do Agricultural Research Council (Conselho de Pesquisa Agronômica). Donald estava usando gêmeos bovinos para tentar discernir as contribuições relativas da hereditariedade e da criação, relacionadas para os caracteres do gado, como a produção de leite, conformação física etc. Para realizar tal análise se faz necessária uma clara distinção entre gêmeos idênticos – aqueles que têm a mesma configuração genética e foram criados em condições diferentes –,

32 PETER B. MEDAWAR

e gêmeos fraternos, aqueles que, exceto pela idade, não são mais semelhantes que as ninhadas comuns, pois as diferenças entre gêmeos fraternos criados sob condições idênticas são, principal, ou totalmente, genéticas quanto à origem. O método de distinção obedecia aos princípios estabelecidos por Sir Francis Galton, um século atrás. Donald, porém, ficou preocupado com a exatidão da determinação dos tipos de gêmeos, se, idênticos ou fraternos, já que todo o empreendimento dependia desse detalhe. Em princípio não há nenhuma dificuldade, assegurei-lhe. Deixe os enxertos de pele serem trocados entre os membros de cada par de gêmeos. Se os enxertos não forem rejeitados, os gêmeos devem ser idênticos, mas, caso contrário, deverão ser apenas fraternos. "Farei isso para você", eu lhe disse. Naquele momento, eu devia estar desorientado, talvez pela bebida ou por algum tipo de cordialidade que tende a prevalecer nos congressos internacionais.

Mais tarde, para meu espanto, Hugh Donald lembrou-me daquela promessa, acrescentando que o empreendimento seria possível porque o Agricultural Research Council havia reunido todos os pares de gêmeos bovinos numa estação de pesquisa, a 30 ou 40 milhas de Birmingham, onde naquela época eu ocupava a cadeira de Zoologia da universidade. Eu tinha, entretanto, de confiar na ajuda de dois jovens veterinários. Discuti todo o projeto com meu colega Ruppert Billingham que já havia me impressionado por sua inteligência inata. Somando-se a isso, ele adquirira experiência naval e disposição prática, consequentes do período em que serviu na Marinha – a qual se juntou numa época ruim para os Aliados, com o propósito, realizado, de levar a guerra a uma rápida e bem-sucedida conclusão. Ele concordou que poderíamos trabalhar juntos.

O projeto encontrou dois obstáculos inesperados. Um dia, quando nos dirigíamos à fazenda onde os gêmeos estavam confinados, tivemos um sério acidente de carro, causado por uma caminhonete que cruzou diretamente nosso caminho (o motorista tinha, simplesmente, substituído uma janela quebrada da cabine por um retângulo feito de saco de papel opaco). Bill e eu fomos esmagados, mas vivemos para superar o segundo dos dois reveses. O procedimento

OS LIMITES DA CIÊNCIA 33

que eu havia proposto em Estocolmo, para distinguir os dois tipos de gêmeos pelo enxerto de pele, parecia prestes a ser refutado. Embora classificados por todos os outros critérios (grupo sanguíneo etc.) como gêmeos idênticos, pois aceitavam enxertos mútuos, os gêmeos bovinos eram certamente fraternos, pois alguns deles apresentavam sexos diferentes, impossível para gêmeos idênticos. Com a ajuda dos dois veterinários examinamos todos os dados novamente, chegando ao mesmo resultado: gêmeos fraternos certamente aceitam enxertos de pele de forma recíproca.

Não conseguimos entender aquilo até lermos um importante livro, *The Production of Antibodies* de F. M. Burnet e F. Fenner (1949). Esse livro traça um paralelo entre a formação de anticorpos e a formação de enzimas adaptativas nas bactérias, fazendo a seguinte predição importante: se uma substância que normalmente provoca resposta imune, for apresentada ao organismo logo no começo de sua vida, não provocará essa resposta, mesmo se for apresentada, novamente, ao organismo já maduro imunologicamente. O mais importante, do nosso ponto de vista, foram algumas das evidências que Burnet e Fenner trouxeram em favor dessa perspectiva incomum, em especial as importantes descobertas do dr. Ray Owen, que naquela época trabalhava com o dr. M. R. Irwin no Department of Agricultural Genetis (Departamento de Genética Agronômica) em Madison, Wisconsin.

Owen havia descoberto que os gêmeos fraternos bovinos continham uma mistura de eritrócitos: cada gêmeo de um par continha seus próprios eritrócitos endógenos misturados em proporções variáveis com eritrócitos que pertenciam ao outro gêmeo daquele par. Isso, certamente, era consequência dos gêmeos serem sincoriais – isto é, compartilharem a mesma placenta – o que possibilitou a transfusão mútua de sangue entre os gêmeos, antes do nascimento; apesar da circulação individual estar totalmente separada da circulação materna. A própria troca de células vermelhas não era o bastante: os gêmeos haviam permutado, também, células precursoras de eritrócitos, pois essas células continuaram sendo formadas por toda vida. Os gêmeos, evidentemente, haviam realizado o experimento

34 PETER B. MEDAWAR

sugerido pela hipótese de Fenner e Burnet. Confrontaram seus próprios antígenos logo no início da vida, tornando-se mutuamente tolerantes. Se não fosse assim, isso teria causado a rejeição de tecidos, o que já havia sido prognosticado por Burnet. Não é para menos que os nossos gêmeos dizigóticos permutaram enxertos de pele, pois já eram, em certo sentido, seres "misturados" que haviam permutado suas células no início de sua vida fetal. Na nossa terminologia, esses gêmeos são denominados "quimeras".

O caminho agora estava claro. Tínhamos de reproduzir de maneira experimental um fenômeno que acontecia como acidente natural em gêmeos bovinos. Esse problema foi transmitido a Leslie Brent como objeto de sua tese de doutorado.

Olhando retrospectivamente, Billingham, Brent e eu compreendemos agora que ao executarmos esse programa de pesquisa tivemos um maravilhoso golpe de sorte, cuja natureza não pudemos apreciar na ocasião, pois ele só fora possível graças à nossa falta de jeito e inexperiência.

Inoculamos, primeiro, nos fetos de camundongo da linhagem CBA, alguns fragmentos de tecidos e um grande cepo de células vindos de vários órgãos do camundongo da linhagem A. Quando, então, os fetos cresceram, transplantamos um enxerto de pele da linhagem A no camundongo CBA. Nesse camundongo o enxerto ultrapassou, em cinco pontos de desvio-padrão, o tempo médio de sobrevivência de enxertos em camundongos normais. Tal resultado seria esperado apenas por sorte com uma frequência menor do que um entre milhares de testes. Brent, então, obteve seu Ph.D.

Onde, então, é que entra a sorte nessa história? O pequeno fragmento de tecido que manuseamos era muito difícil de se trabalhar e, às vezes, entupia as finas agulhas hipodérmicas usadas para injeções nos fetos; a dose de células foi também muito difícil de quantificar. Se tivéssemos mais experiência tomaríamos do doador os glóbulos brancos ou, então, as células isoladas do baço ou dos nódulos linfáticos.

Sabemos agora que se *tivéssemos* feito assim, não teríamos descoberto a tolerância adquirida, já que as células linfoides encontradas entre os leucócitos e nos nódulos linfáticos e no baço são células que executam respostas imunológicas. Se, então, tivéssemos injetado tais células numa tentativa de induzir tolerância, poderíamos ter matado os camundongos, pois os enxertos poderiam atacar e rejeitar seus hospedeiros, causando a "doença da rejeição" que Billingham e Brent mais tarde descobriram, interpretaram e caracterizaram.

Essa ideia ilustra meus comentários posteriores sobre a sorte (p.53-4): para avaliar o papel da sorte na pesquisa, devemos contrapor e distinguir as descobertas que atribuímos à pura sorte, daquelas descobertas que não podemos fazer por causa da intervenção do azar – trabalho difícil de apurar, pois as descobertas não deixam nenhuma pista.

Os experimentos sobre a tolerância ativamente adquirida que eu esbocei, tiveram um profundo efeito moral sobre muitos cirurgiões e médicos cientistas, atraídos para o estudo dos transplantes, principalmente devido às demandas oriundas dos males da guerra. Nossos experimentos mostraram que, ao contrário do triste presságio, o problema do transplante *era* solúvel; e que a barreira supostamente insuperável que impedia o transplante entre animais de composição genética diferente podia ser superada. Nem é necessário dizer que os experimentos, vinculando a inoculação das células dentro do feto, são clinicamente inexequíveis; e, na prática, o enxerto de órgãos se faz, hoje em dia, com a proteção de drogas que enfraquecem a resposta imunológica. Foi por isso que eu disse que esses primeiros experimentos não levaram diretamente aos êxitos do transplante moderno. Tal efeito foi somente *moral* – apenas para inspirar aqueles cirurgiões que terminaram o trabalho, ao exorcizarem o último lance que tornava o projeto impossível. Toda essa história ilustra a conveniência de descrever a arte da pesquisa como a "arte do solúvel", como fiz.

Gostaria, agora, de voltar à minha afirmação de que poderíamos muito bem não ter descoberto o fenômeno da tolerância, ao o induzirmos pela inoculação de células imunologicamente reativas em camundongos fetais, já que essas células são fáceis de manipular e quantificar. Apesar de suas vantagens, tais células, quando injetadas,

36 PETER B. MEDAWAR

teriam matado os fetos, expondo-os a um ataque imunológico contra o qual estariam indefesos. Essa desventura teria protelado por muito tempo a descoberta da tolerância e a resolução do problema do homoenxerto. Na ciência, entretanto, onde um falha, o outro pode obter sucesso, e assim aconteceu com um brilhante imunologista da Tchecoslováquia, Milan Hašek, antes de a ciência daquele país cair na estagnação devido à conquista russa e a colonização de 1968. Naquela época Milan descobriu o fenômeno da tolerância, de maneira independente da nossa. A técnica de Hašeck foi fazer uma ponte vascular entre dois ovos de galinha embrionados. Primeiro, ele expôs as membranas respiratórias, fazendo janelas nesses ovos; depois, justapôs os ovos e interligou-os com uma ponte de tecido embrionário. Os embriões, portanto, foram colocados em "parabiose" mútua. Depois de chocados, voltaram a apresentar o mesmo grupo sanguíneo e não se mostraram mutuamente reativos com relação aos glóbulos vermelhos e aos enxertos transplantados entre eles, como havíamos mostrado. Esse é um excelente exemplo do fenômeno da descoberta simultânea, muito familiar aos sociólogos da ciência, que sempre refutaram a ideia de que a singularidade das descobertas é uma regra quase invariável. Meus colegas e eu produzimos o mesmo efeito ao removermos 20 ml de sangue de um embrião de galinha, extraídos da veia que percorre a membrana respiratória do ovo, injetando-o num segundo embrião. Essa técnica funcionou tão bem quanto a da parabiose de Hašeck; porém, foi muito mais simples e rápida. O importante é que chegaríamos a isso de qualquer maneira, não importando os erros cometidos no começo. Vale a pena mencionar que os motivos que levaram Milan Hašeck a montar seus experimentos em parabiose foram completamente diferentes dos nossos. Não acho que naquela época Milan soubesse qualquer coisa a respeito do trabalho de Burnet; mas seu objetivo foi, pela técnica da parabiose, realizar a hibridação vegetativa de acordo com as doutrinas de Trofim Denisovich Lysenko.

O fato de a hibridação poder induzir mudanças genéticas não tem nada a ver com as ideias de Lysenko; e o fato de os experimentos

OS LIMITES DA CIÊNCIA 37

parabióticos de Milan Hašeck funcionarem ilustra, apenas, a verdade metodológica de que inferências verdadeiras podem, algumas vezes, ser tiradas de premissas falsas.

As mulheres na ciência. A coragem das mulheres na ciência tem sido objeto daquilo que Sir Francis Bacon descreveu como "adaptações decisivas", para o qual acrescento: não há nenhuma razão científica ou metodológica para supor a inferioridade das mulheres em relação aos homens na ciência – bem como não há nenhuma evidência para tanto. As exigências dos cuidados maternos e a tradição das obrigações domésticas, todavia, fazem as mulheres fisiológica e, talvez, psicologicamente mais vulneráveis do que os homens a influências que desviam a atenção das pesquisas científicas. Então, a questão do desempenho – mas não da capacidade – das mulheres na ciência ser inferior ao desempenho dos homens não poderá ser respondida até que seja concluída uma investigação científica (isto é, sociológica) sobre esse tema. Tenho razão para acreditar que tal investigação está, agora, em progresso.

Homens e mulheres que respeitam Marie Curie por sua bravura científica – bravura esta que a levou ao Prêmio Nobel em duas ocasiões – são propensos a esquecer o fato mais importante sobre sua vida: apesar de toda a sua dedicação à ciência, Marie Curie criou uma filha, Iréne, que, em vez de censurar seus pais e todos os seus trabalhos e virar uma modelo, por exemplo, ou partir para a Índia em busca de alguma iluminação, tornou-se, também, uma vencedora do Prêmio Nobel.

Sobre a natureza muito meticulosa da execução dos experimentos. Tem sido dito, com muita perspicácia, que não vale a pena fazer bem-feito um experimento cuja realização não valha a pena. Depois de escrever sobre a coragem das mulheres na ciência, não posso deixar de relatar como um excesso de meticulosidade de minha parte privou minha esposa da oportunidade de realizar uma descoberta realmente importante. Durante cerca de um ano após sua graduação, a então Jean Taylor trabalhou com o professor Howard W. Florey,

38 PETER B. MEDAWAR

na Escola de Patologia da Universidade de Oxford, da qual ele era diretor. Isso foi nos dias pré-penicilina, quando seu interesse maior estava relacionado à função dos glóbulos brancos, no caso os linfócitos – a respeito dos quais, naquela época, pouco se sabia. Florey havia lido um artigo do famoso patologista norte-americano A. A. Maximov, que afirmava que os linfócitos poderiam, sob algumas circunstâncias, crescer e se transformar em células maiores, conhecidas como macrófagos. Florey suspeitou que tal fenômeno era devido à contaminação de sua população de linfócitos por macrófagos. Ele, então, aperfeiçoou uma técnica cirúrgica que lhe assegurava a pureza das populações de linfócitos, pela canulação do duto torácico do coelho, o principal vaso linfático no organismo. Feito isso, Florey solicitou à minha esposa que cultivasse essas células, fotografando-as com um microscópio isolado em uma caixa e mantido na temperatura do corpo. O método convencional de cultura de tecidos, naquela época, era cultivar as células numa gelatina nutriente, preparada com a porção fluída do sangue de galinha misturada a um extrato de tecido embrionário desse animal. Isso, então, causava a coagulação do plasma sanguíneo. Quando Jean me contou sobre o método, expressei meu horror diante da ideia de cultivar os linfócitos de coelhos num meio zoologicamente tão estranho a eles. Propus, então, que os linfócitos fossem cultivados em soro de coelhos. Ela assim o fez. Os linfócitos prosperaram, movendo-se vigorosamente como sempre. Florey ficou satisfeito ao ver que os linfócitos não sofreram nenhum tipo de transformação em macrófagos. Maximov havia recomendado o uso de coelhos, sensibilizados pela infecção de um *Ascaris* parasita, e que o meio de cultura tivesse um traço daquilo que ele descreveu como "extrato de *Ascaris*". Se minha esposa tivesse feito o experimento de acordo com Maximov, a despeito de minha recomendação contra tal método, muito provavelmente teria testemunhado um fenômeno que seria descrito apenas vinte anos depois: o da transformação do linfócito induzida por antígeno; ou seja, a transformação de linfócitos comuns em linfoblastos capazes de divisão celular, diferentemente dos linfócitos comuns.

Todo o procedimento advogado por Maximov parecia absurdo, para não dizer "anticientífico". Foi por isso que incentivei Jean a usar um meio de cultura derivado da mesma espécie ou, preferivelmente, do mesmo coelho do qual os linfócitos foram coletados – e esquecer a ideia absurda de um meio baseado em *Ascaris*. Assim, devido à minha meticulosidade excessiva, ela perdeu a grande chance de realizar aquela descoberta.

Minha recomendação continha dois erros de julgamento. Primeiro, se um pesquisador se propuser a repetir o trabalho de outro, deve fazê-lo exatamente da mesma maneira, por mais tolo que lhe possa parecer o procedimento original. O segundo erro foi não compreender que muitos dos experimentos "clássicos" efetuados por cientistas conceituados do século XIX foram realizados sob condições que hoje nos deixariam horrorizados. Tais condições estariam relacionadas à falta de assepsia, ao uso de meios de cultura tamponados de maneira inadequada contra as variações de acidez e alcalinidade e a não observância de outros princípios que fazem parte, hoje em dia, da prática ideal dos laboratórios.

Vendo de outra maneira – talvez com o espírito das fábulas de Esopo – podemos dizer que a moral dessa história é: *Não procure ser inteligente demais.*

Fraude na ciência. Muitos exemplos de fraude na ciência foram revelados nos últimos anos como apenas "pontas de *icebergs*" levando-se à suposição ridícula de que a ciência é muito mais fraudulenta do que parece – ridícula porque seria absurdo supor que um empreendimento tão bem-sucedido como a ciência (p.67) estivesse, na realidade, fundamentado em ficções.

Na opinião dos profissionais, a fraude dos dados científicos é classificada como uma neurose secundária. Seria como fraudar e manter-se resignado – apenas para alimentar a autoestima.

A principal causa das fraudes na ciência é a convicção apaixonada pela verdade de alguma doutrina impopular, ou não aceita, como o lamarquismo, ou, então, daquilo que pode ser concisamente chamado de "QI do absurdo", uma doutrina cuja crença chega a horrorizar alguns colegas.

O sistema "automonitorado" desfrutado pela ciência parece funcionar muito bem na maioria dos casos, mas há circunstâncias

40 PETER B. MEDAWAR

especiais nas quais tal sistema sucumbe. Um caso exemplar é a notória fraude de Sir Cyril Burt, professor de Psicologia da University College London, que inventou ou manipulou dados de QIs em gêmeos idênticos ou fraternos, criados juntos ou separadamente. Esses dados foram apresentados de maneira a relevar a preponderância da influência da hereditariedade, em oposição à educação, na determinação do QI. Por que essas fraudes imprudentes – que incluíam até a invenção de supostos colegas – não foram rapidamente desmascaradas? A razão é que Burt falou exatamente o que os partidários do QI queriam ouvir, de tal forma que não havia, aparentemente, nenhum motivo para uma inquirição mais profunda sobre a autenticidade de seu trabalho. As revelações das fraudes de Burt levaram à suspeita de que os testes de QI aplicados por psicólogos também seriam fraudes; mas essa não é uma acusação que possa ser feita com legitimidade a nenhuma profissão. Qualquer um que estudasse os artigos de Burt de maneira mais profunda ficaria com a opinião de que seu principal problema não era a fraude, mas, sim, uma absoluta estupidez.

Conjeturas na ciência. O ato gerador na ciência é a proposição de hipóteses – isto é, fazer, como Whewell dizia, *conjeturas* (termo usado, também, por Bertrand Russel). Muitas pessoas, como John Stuart Mill, ficam ofendidas por tal descrição. Dizer que a ciência procede por conjeturas é tão verdadeiro quanto dizer que Mozart escrevia muitas melodias sedutoras, e Coleridge, muitas rimas criativas. O problema é que essas descrições soam irreverentes num contexto onde se requer maior sobriedade.

Experimentos com animais. No tópico "A arte do solúvel" descrevi experimentos realizados com bovinos, camundongos, ratos e, algumas vezes, galinhas e ovos. Ao contrário de alguns colegas, acredito que o uso de animais em experimentos para o avanço do conhecimento médico precisa ser justificado. Penso assim porque muitas pessoas que nada têm contra a ciência ou contra os cientistas consideram o uso de animais em experimentos, mesmo que seja para o benefício dos seres humanos, uma deformação moral da ciência médica.

Hoje em dia, nem mesmo os mais devotos têm uma posição clara sobre a opinião teológica, expressa por Thomas Love Peacock[5] na boca do reverendo doutor Gaster: "... nada pode ser mais óbvio do que o fato de que todos os animais foram criados exclusivamente para uso e benefício do homem". "Como podemos provar isso?", disse outro convidado. "Isso não requer nenhuma prova", afirmou o doutor Gaster. "É uma questão de doutrina. Está escrito; portanto é assim."

Não podemos esquecer que os seres humanos também são animais, e seus interesses são tão importantes quanto os de seus parentes inferiores. É impensável que novas drogas ou novos tratamentos médicos devam ser introduzidos no uso clínico sem nos certificarmos de que, independentemente de sua eficácia, não serão prejudiciais. Se esses testes não forem realizados em animais de laboratório, provavelmente o serão em seres humanos. Deste modo em suas *Lettres Philosophiques*, escritas na Inglaterra, Voltaire registra com um desapego divertido ao invés de qualquer senso de ultraje, a introdução da imunização na Inglaterra. Esse procedimento veio do Oriente Próximo, trazido por *lady* Mary Wortley Montagu para prevenir ataques graves de varíola. Foi testado, primeiro, em criminosos nas prisões de Newgate, gratificados, então, com o perdão e a imunização contra aquela doença. Um procedimento de vacinação, intrinsecamente seguro, apresentado por Jenner, foi introduzido diretamente na prática clínica, embora não se saiba se foi testado primeiro em membros das classes com menor poder aquisitivo.

A descoberta de Jenner é sempre lembrada por aqueles mais ansiosos em proibir o uso de animais experimentais, pois a introdução de seu procedimento estava fundamentada num raciocínio clínico, sem qualquer experimentação em laboratório. Por que então esse mesmo raciocínio não poderia ser aplicado em casos de inovações mais importantes, como no procedimento de Salk, no qual se utilizam vírus inativados para proteger contra a poliomielite?

---

5 Em sua novela *Headlong Hall* (London, 1816).

42 PETER B. MEDAWAR

A razão é por demais direta: a vacina de Salk só foi descoberta porque Salk se valeu de um grande corpo de conhecimentos sobre imunidade, resultado de muitos anos de experimentos com animais. Todos os cientistas que conheço preferem experimentos *in vitro* – em efeito, tubos de ensaio – em vez de experimentos com animais, para determinar a potência e a eficácia das drogas; mas quando o fenômeno estudado refere-se ao organismo como um todo, e não a células isoladas, experimentos *in vitro* não resolvem. Dores de cabeça, dores lombares ou esclerose múltipla são inerentes ao organismo como um todo, e é esse organismo que deve ser estudado se quisermos encontrar a cura das dores e das doenças. Para saber se determinadas substâncias químicas causam ou não câncer temos de testar se tais substâncias causam ou não mutações em microrganismos; mas, é claro, temos de usar o animal inteiro para estabelecer a correlação entre as duas propriedades, em primeiro lugar.

Utopia e Arcádia. A época do surgimento da ciência institucional, a chamada época das Utopias, está de acordo com a minha concepção (ver a seguir) do que seria o propósito, a longo prazo, da pesquisa científica: penso especialmente em *New Atlantis* (1626) de Francis Bacon; *City of the Sun* (1602) de Tommaso Campannela; e, *Christianopolis* (1619) de Andreae. A atração que temos pelos cientistas das Utopias não é somente pela imagem admirável que fazemos deles. Mais do que isso, as Utopias confiavam, principalmente, em uma tecnologia baseada na ciência, da qual os autores tinham uma ideia muito vaga (fala-se, na obra de Campanella, por exemplo, sobre o poder do vento e das rodas). A atração pelas Utopias é devido ao fato de incorporarem ideias de melhoramento e aperfeiçoamento, como aquelas que os cientistas acham que têm em seu poder, para promover e conceder.

As velhas Utopias vieram a ser as sociedades contemporâneas que começaram a se formar quando das grandes navegações. Hoje é a exploração espacial que representa o que foi o atrativo das explorações geográficas no passado; assim as nossas utopias estão muito distantes no espaço ou talvez no tempo.

Arcádia é uma concepção muito diferente de Utopia, pois uma de suas principais virtudes é ser pastoral, pré-científica e pré-tecnológica. Na Arcádia o ser humano vive na felicidade, na ignorância e na inocência, livre das doenças e das intranquilidades psíquicas que caracterizam a civilização – vivem naquele estado de paz espiritual interna que hoje só seria possível com uma renda proveniente de uma carteira de ações confiáveis.

Postura anticientífica. Já fiz menção (p.29-30) ao ressentimento provocado pela proposta de Edwin Chadwick para dotar Londres de um sistema de esgoto, e sobre o desdém do Parlamento britânico com relação à proposta de considerar Edward Jenner – o homem que introduziu a vacinação contra a varíola – um de nossos heróis nacionais. Tais exemplos, penso eu, foram presságios de uma conduta anticientífica que prevalece amplamente hoje em dia (uma incondicional e irracional relegação da ciência a um espírito maligno com todos os seus malefícios, principalmente aqueles que, na verdade, são gerados pela incompetência política ou pela ganância comercial). Relatarei agora um exemplo extremo de posição anticientífica: no *New York Review of Books*, em 29 de dezembro de 1966, o escritor e crítico social Lewis Mumford citou a seguinte passagem sombria da edição de Edward McCurdy do *Leonardo's Notebooks* (Londres, 1908, p. 266), na qual descreve a extraordinária violência de um monstro de face negra, olhos vermelhos e aspecto medonho – contra o qual a população se defendia em vão. A passagem é assim:

> Oh! povo desprezível, de nada valerão suas impenetráveis fortalezas, nem as imponentes muralhas de suas cidades, nem toda a sua multidão e nem as suas casas ou palácios! Não sobrará nenhum lugar, exceto os minúsculos buracos e cavernas subterrâneas onde, à maneira dos caranguejos, grilos e outras criaturas rastejantes, vocês se esconderão. Oh! quantas mães e pais desprezíveis serão despojados de seus filhos, quantas mulheres infelizes serão despojadas de seus companheiros! Em verdade... não acredito que houve tantos

44 PETER B. MEDAWAR

lamentos e prantos de pessoas aterrorizadas, desde que o mundo foi criado. Em verdade a espécie humana está numa tal condição que terá inveja de todas as outras criaturas.

Acho que não há solução, pois parece que sempre me vejo nadando dentro de uma poderosa garganta, enterrado num imenso ventre.

De acordo com Lewis Mumford, essa passagem de pesadelo mostra o "lado oposto das previsões promissoras de Leonardo". Essa é a premonição de Leonardo sobre a destruição e a espoliação que o avanço da ciência e da tecnologia descarregaria sobre a Terra e seus habitantes; mas ele acrescenta: "Não há como provar isso". Sendo assim, ofereço uma alternativa e uma interpretação totalmente diferentes. O monstro descrito por Leonardo simbolizava, essencialmente, acontecimentos importantes do seu tempo que ele viera a saber por rumores, como o avanço incontrolável da peste bubônica e hemorrágica, a chamada Peste Negra, de cujo vetor – a pulga do rato – não adiantava fugir e nem suplicar com orações. A meu ver a suposição original de Mumford estava errada. (p.103, cap. 5, n.2).

A Royal Society. A Royal Society of London for Improving Natural Knowledge (Sociedade Real de Londres para o Aperfeiçoamento do Conhecimento Natural) – esse é o nome completo daquela instituição – retrata nessas páginas as academias científicas que se desenvolveram durante ou logo após a revolução do pensamento que inaugurou a ciência institucional do século XVII. Fundada em 1660 sob o patronato do rei Carlos II, e, ainda hoje sob o patronato real, desfrutando a presente solidariedade da rainha Elizabeth e do príncipe Philip, a Royal Society é a mais antiga e famosa sociedade científica do mundo. É uma instituição privada, e não uma agência estatal, embora sustentada financeiramente pelo governo. Seu lema é simples e direto, *Nullius in verba*, que significa "palavras não são o suficiente" – nem as de Aristóteles, diriam também seus integrantes, pois todos eles pensavam assim. Tendo em mente que alguns dos primeiros presidentes da Royal Society foram Christopher Wren, Samuel Pepys e Isaac Newton, não é de espantar que o

OS LIMITES DA CIÊNCIA 45

teólogo tcheco, Jan Amos Comenius, considerasse a Royal Society a corporação que realizaria o seu sonho de instituir uma pansofia – "um simples e compreensivo sistema de onisciência humana" (ou seja, todas as coisas sob o céu que nos foi outorgado conhecer, dizer ou fazer). Comenius manifestou o mais esplêndido elogio à Royal Society: "Todas as bênçãos a vossos heroicos esforços, ilustres Senhores!", escreveu. "Eu vos congratulo e vos ovaciono com a aprovação de toda a humanidade."

Como exatamente a Royal Society e outras instituições do mesmo porte proporcionam o avanço da ciência? A chave para tal resposta está no fato de que grande parte dos negócios privados dessas instituições é que sustenta a candidatura e a eleição de membros potenciais, pois a autoperpetuação é uma função capital. Aqueles que desejam se juntar a essa congregação devem ter como pré-requisito alto grau de proficiência científica. Eleitos, eles são agraciados com grandes honrarias. O número de membros não deve ser tão grande como era no passado, quando a eleição de um candidato dificilmente podia ser considerada uma distinção; e nem tão restrito a ponto de desestimular a concorrência de possíveis candidatos. As eleições, de preferência, devem ser realizadas com candidatos que estejam no auge de sua carreira científica, em vez de candidatos que estejam em fim de carreira, como em certas academias estrangeiras. A Royal Society sempre posicionou-se bem em todos esses quesitos. Como nas outras sociedades, entretanto, nem todos aqueles que são membros mereciam ser, bem como nem todos que não são eleitos mereciam ficar de fora. O nome de um candidato, desse modo, talvez não seja proposto devido à indolência de seus colegas em indicar e apoiar sua candidatura, ou, então, por algum tipo de rancor ou pela suposta desculpa de melhor candidatura alternativa. Tais falhas são consequências da fraqueza humana; não são falhas das sociedades científicas, cujas grandes realizações têm papel importante no avanço do aprendizado ao manterem os padrões elevados e pela autoridade científica e acadêmica que conferem a seus membros.

O programa e o objetivo da ciência. Há uma famosa passagem no *New Atlantis,* em que Bacon descreve o programa da nova

46 PETER B. MEDAWAR

ciência como a *realização de todas as coisas possíveis*, fórmula que alguns consideram revigoradora e inspiradora, e outros, desanimadora e assustadora; cada um de acordo com seu temperamento. Mais tarde, no fragmentário e pouco conhecido *Valerius terminus* (publicado primeiro em 1734), ele se questiona sobre o fim do conhecimento e diz: "Para falar de maneira clara e honesta [Bacon raramente fala de outra maneira], isso representaria a descoberta de todas as operações e possibilidades de operações, desde a busca da imortalidade (se fosse possível) até a prática mecânica menos significativa" – na ciência estamos, de fato, nos inteirando de nosso estado presente e de nosso possível estado futuro.

O nome de Bacon está tão associado à noção de que o propósito da ciência é assegurar poder sobre a natureza ("conhecimento humano e o poder que esse conhecimento confere") que esquecemos de muitas outras passagens típicas, onde ele advoga, de maneira humilde, uma posição meliorista.

Alguém pode defender a visão, a qual também compartilho, de que Bacon acreditava que o propósito da ciência era fazer do mundo um lugar melhor para se viver. No prefácio de *The Great Instauration* (título conciso para todo o sistema filosófico de Bacon), ele escreveu:

> Aconselharia todos em geral que levassem em consideração os fins genuínos e verdadeiros do conhecimento; e que não fizessem isso por satisfação própria, por controvérsias, ou desdém a outros. Nem mesmo em proveito próprio ou pela fama; nem pela glória ou autopromoção; e nem para outros fins igualmente distorcidos ou inferiores. Mas sim por mérito, por benefício da vida e por misericórdia: pois a cobiça pelo poder levou à queda dos anjos, e a cobiça pelo conhecimento, à queda dos homens; mas na misericórdia não há excesso. Nem homens, nem anjos correm perigo se agirem assim.

Ele, então, indagava se deveríamos ter como principal objetivo "não a fundação de uma seita, mas sim a beneficência de toda a humanidade". Além disso, no Livro I do *De Augmentis Scientiarum* (1623),

OS LIMITES DA CIÊNCIA **47**

Bacon especificou que as aplicações do conhecimento são para "nos dar dignidade e satisfação, e não desgosto e aflição".

Fazer do mundo um lugar melhor para se viver é uma ambição que não pode ser refutada nem depreciada por aqueles que, ao buscarem reputação por se acharem mais refinadamente críticos que os outros, dizem de maneira sábia, "Ah, mas o que você entende por melhor?". É ingenuidade filosófica supor que uma forma única, simples e incontestável de linguagem possa retratar tudo o que está envolvido numa declaração particular – que possivelmente não será contestada individualmente – como dizer que drenos bons são melhores que os ruins e que livros bons são melhores que livros ruins. Tal afirmação é verdadeira mesmo que as pessoas não concordem inteiramente sobre qual critério deve ser adotado para que classifiquemos um livro numa categoria ou em outra, por exemplo. Novamente, é preferível estar bem de saúde a estar mal, ou é preferível estar vivo a estar morto. É na síntese desses e de outros possíveis princípios particulares que podemos dizer que o propósito da ciência é fazer do mundo um lugar melhor para se viver e, nas palavras de Bacon, a "dignidade e a proficiência" da ciência dependem de sua capacidade de promover essa admirável ambição.

A DESCOBERTA CIENTÍFICA PODE SER PREMEDITADA?

Introdução

Na maioria dos países, quase todos os cientistas são financiados direta ou indiretamente por verbas públicas. Dessa maneira têm uma obrigação perante a sociedade de "melhorar o conhecimento natural" (nas palavras da Royal Society) e de buscar o "avanço do aprendizado" (nas palavras de Bacon). É nesse contexto que a questão apresentada no título deste ensaio torna-se especialmente relevante. Não é simples retórica; acredito que exista uma resposta para essa questão e que tal resposta tenha implicações políticas de grande alcance. Devo começar, relatando com brevidade telegráfica, três descobertas científicas que não poderiam ser premeditadas – ou seja, não poderiam ter sido resultado de uma intenção consciente e expressa de obtê-las. Devo, então, fazer algumas considerações sobre o papel da sorte na descoberta científica, e, finalmente, voltar a questionar se nossa compreensão atual de como os cientistas fazem as suas descobertas é compatível com a ideia de premeditação.

50 PETER B. MEDAWAR

Casos

Raios X.[1] Graças à anestesia e ao desenvolvimento da cirurgia asséptica por W. S. Halsted, do Johns Hopkins, e por Berkeley George Moynihan, de Leeds, a cirurgia já progredira tanto e tão rapidamente em 1900 que Moyniham chegou a comentar que não se devia esperar muitos novos progressos.[2] A cirurgia, entretanto, ainda apresentava uma séria dificuldade: o cirurgião operava sem saber o que o esperava lá dentro. Era imperativo desenvolver uma nova tecnologia que tornasse a carne humana transparente. Imagine agora que um sistema de verbas para pesquisas, como o que prevalece hoje em dia, estivesse em andamento nos idos de 1900; e imagine também com que menosprezo e descrença a proposta para "descobrir um meio de tornar a carne humana transparente" seria recebida em qualquer instituição de fundos para pesquisa. Como sabemos, esse procedimento foi descoberto por um homem interessado, essencialmente, em estudar as descargas elétricas no vácuo. As potencialidades médicas dos raios de Roentgen (raios X) para o que atualmente chamamos de radiologia diagnóstica foram reconhecidas quase de imediato.

Polimorfismo HLA. Imagine agora um projeto para investigar as bases genéticas que predispõem o ser humano a três doenças debilitantes graves: espondilite anquilosante, esclerose múltipla e diabete juvenil ou tipo I (dependente de insulina). A princípio, nenhuma premeditação poderia resolver tal problema que, no entanto, foi resolvido da seguinte maneira:

---

1 Devo esse exemplo do uso médico da radiografia a meu antigo professor Dr. John Baker, FRS (1942) que me indicou uma palestra de Sir John McMichael, FRS.

2 Sob o pseudônimo de "Um cirurgião da rua Harley", Moynihan expressou essa opinião, primeiro na revista *The Strand,* por volta de 1900. Expressou-a novamente em uma publicação da *Leeds University Medical School* em 1930 e mais uma vez em sua Conferência Romanes, na Universidade de Oxford, em 1932. Ver P. B. Medawar: *Pluto's Republic* (Oxford, 1982); p.298-310.

OS LIMITES DA CIÊNCIA 51

A promissora e excitante pesquisa sobre transplante de tumor, iniciada pela descoberta da transplantabilidade de tumor realizada por C. O. Jensen, por volta de 1900, não demorou muito para chegar a um estado de total confusão, com resultados mutuamente contraditórios e irreproduzíveis. Alguns dos primeiros pesquisadores do Imperial Cancer Research Fund (Fundo Imperial para a Pesquisa do Câncer) começaram a falar de influências "sazonais" na transplantabilidade de tumores – mostrando que a pesquisa havia chegado a uma situação embaraçosa. A razão, sabemos agora, era que os primeiros pesquisadores tinham usado animais diferentes para cada experimento – usaram o "camundongo branco", o "camundongo marrom", o "camundongo de pelagem manchada" e, até mesmo, o "camundongo de Berlim" e o "camundongo de Tóquio", sob a suposição de que a uniformidade da cor ou da procedência garantiriam a uniformidade da reação. Era como se um químico fosse estimar a solubilidade e o ponto de fusão das "substâncias brancas" ou das "substâncias azuis" etc., na expectativa de que a uniformidade da cor implicasse uniformidade das propriedades fisicoquímicas.

A pesquisa continuou de maneira caótica até que foi conduzida por Peter Gorer, do Guy's Hospital, e pelo dr. C. C. Little e seus colegas, particularmente George Snell, J. J. Bittner e Leonell Strong, em Bar Harbor, Maine. Snell e Gorer trabalhavam na investigação das bases genéticas do transplante de tecidos em camundongos e identificaram o segmento de cromossomo que aloja os genes responsáveis por isso: nos camundongos, esse segmento forma o MHC, o complexo principal de histocompatibilidade, H-2.

O trabalho de Gorer e Snell possibilitou a Dausset e outros reconhecer e definir o correspondente complexo principal de histocompatibilidade em seres humanos, conhecido como HLA (sistema de antígenos leucocitários humanos). Algumas vezes cogitou-se que a principal importância da descoberta do sistema HLA foi a facilitação do transplante na espécie humana. Na minha opinião, entretanto, a real importância dessa descoberta tem a ver com um novo sistema de polimorfismo nos homens, ou seja, um novo

52 PETER B. MEDAWAR

sistema de diferenciação genética estável nas populações humanas. Tal sistema possibilitou especificar as constituições genéticas que predispunham seus portadores à espondilite anquilosante, à esclerose múltipla e à diabete insulinodependente, da mesma maneira que pessoas de grupos sanguíneos diferentes estão associadas, em graus diversificados, à suscetibilidade para a úlcera gástrica e para o câncer gástrico. Não há, portanto, nenhuma maneira concebível pela qual tal descoberta poderia ser premeditada.

A natureza da miastenia grave (MG).[3] O dr. Dennis Denny-Brown, aluno e colega do mais famoso neurofisiologista da Inglaterra, C. S. Sherrington, ficou conhecido por ser o primeiro a mostrar a similaridade entre sintomas da paralisia progressiva da miastenia grave e os sintomas de envenenamento por curare. Esse trabalho levou ao uso de agentes anticurare, como a eserina (fisostigmina), para amenizar os sintomas da miastenia grave. Tal paralelo certamente envolve os receptores de acetilcolina presentes na membrana muscular pós-sináptica – área de justaposição entre o músculo e o nervo – na causação da MG.

Para investigar tal possibilidade, Lindstrom e seus colegas (Lindstrom, 1979; Patrick e Lindstrom, 1973) decidiram elevar o número de anticorpos em coelhos contra os receptores de acetilcolina.[4] Receptores de proteínas purificados dos órgãos elétricos de enguias foram injetados em coelhos. Isso levou ao desenvolvimento dramático de uma paralisia flácida, cuja similaridade com a miastenia grave foi confirmada pela maneira como os coelhos se recuperaram depois da injeção de um estimulante muscular como a neostigmina.

Essas descobertas e outras subsequentes (Newsom-Davis et al., 1978) corroboraram a audaciosa hipótese de que a miastenia grave

---

3 Devo este exemplo à conferência clínica proferida no Clinical Research Centre (Harrow) pelo Dr. John Newsom-Davis (janeiro de 1980).

4 Acetilcolina é a substância que causa o impulso no nervo motor para iniciar a contração muscular.

OS LIMITES DA CIÊNCIA **53**

é imunologicamente autodestrutiva em sua origem, como Simpson (1960) brilhantemente conjeturou. Há outras peças nesse quebra-cabeça: a MG em geral é acompanhada por alterações patológicas no timo, o mais importante órgão linfoide do corpo que, com frequência é removido quando do tratamento dessa doença. É, portanto, muito relevante que Wekerle e seus colegas (1978) tenham mostrado que os precursores embrionários de células musculares com receptores de acetilcolina bem formados podem se diferenciar a partir das células que residem na estrutura do tecido conectivo do timo.

O interessante em relação a esses três exemplos é que, embora eles representem descobertas que não poderiam ter sido premeditadas – e, portanto, não seriam o resultado de um projeto científico encomendado – mesmo assim foram realizadas por meio dos processos normais da pesquisa científica, por mais ineficientes e onerosos que tais processos sejam considerados por pessoas que não têm uma compreensão mais profunda da natureza da pesquisa científica. Os três exemplos, entretanto, ilustram a importância fundamental do estado de preparação da mente, que é o objeto da próxima seção.

A sorte na descoberta científica

Todo cientista sabe, ou deveria saber, que o papel da sorte na descoberta científica é de grande importância; importância esta bem maior do que realmente parece, pois a estimativa que fazemos dela é inerentemente tendenciosa. Sabemos quando nos beneficiamos da sorte, mas, devido à natureza das coisas, não podemos avaliar com que frequência o azar nos priva da oportunidade de fazer o que poderia ter sido uma descoberta importante (ver p. 34-5) – já que as descobertas não deixam nenhum rastro. Penso, portanto, que não há razão para um dos mais ilustres neurofisiologistas do mundo referir-se ao seu "sentimento de culpa sobre a omissão do papel da sorte naquilo que, agora, parece estar mais relacionado a um desenvolvimento bastante lógico" (Hodgkin, 1976).

É mais ou menos como dizer que a principal lição extraída dessas três histórias seria a constatação do papel preponderante da sorte na descoberta científica. Gostaria, agora, de desafiar essa visão, devido às seguintes razões relacionadas à filosofia da sorte:

Algumas vezes definimos como "pessoa de sorte" alguém que ganha na loteria depois de jogar várias e várias vezes. Se, no entanto, definimos tal evento como sorte, que palavra deveríamos usar, por exemplo, no caso de alguém que acha um bilhete premiado em um banco de um parque?

Os dois casos são completamente diferentes. Um homem que compra um bilhete de loteria está se colocando no caminho da conquista de um prêmio. Ele, por assim dizer, está comprando sua candidatura para uma sucessão de eventos que poderão levá--lo à conquista do prêmio; tudo mais é questão de probabilidades matemáticas. Com os cientistas acontece a mesma coisa. O cientista é um homem que por suas observações e experimentos, pela dedicação às leituras especializadas e pelos contatos com colegas de sua área, coloca-se no caminho da conquista de um prêmio; ou seja, ele está sempre mais propenso a fazer novas descobertas. Por sua própria deliberação, o cientista amplia enormemente sua consciência – sua candidatura à sorte. O cientista, a partir daí, levará em consideração certos tipos de evidências que um principiante ou um observador informal provavelmente negligenciariam ou interpretariam de maneira errada. Eu, honestamente, não acho que a sorte cega, como a do homem que achou um bilhete premiado em um parque, tenha alguma importância para a ciência; ou que muitas das descobertas importantes da ciência, surjam da intersecção acidental de dois eventos.

Quase todos os cientistas de sucesso enfatizam a importância da preparação da mente no processo da descoberta científica. Desejo enfatizar que tal preparação da mente é trabalhosa e paga com muito empenho e reflexão. Se tal empenho levar a uma descoberta, penso que seria pejorativo creditar tal descoberta à pura sorte.

Metodologia

A nossa presente compreensão da metodologia da ciência em um nível mais básico (em oposição, por exemplo, a teoria de Thomas Khun sobre o papel das revoluções na *História* da Ciência) deve-se muito ao professor Sir Karl Popper, FRS. A metodologia de Popper é totalmente incompatível com a ideia de que a descoberta científica pode ser premeditada. Executivos de Washington e Whitehall acreditam firmemente que os cientistas fazem suas descobertas pela aplicação de um procedimento que conhecem sob o nome de método científico. Essa crença, considerada um tipo de cálculo da descoberta, está baseada numa concepção errônea, que vem desde os tempos do *A System of Logic* de John Stuart Mill e do *The Grammar of Science* de Karl Pearson.

Se tal método existisse, nenhum cientista estaria com seu emprego garantido. Considerem, por exemplo, um pesquisador que tem por missão elucidar as causas da artrite reumatoide e descobrir sua cura. Se ele falha deve ser, ou por sua ignorância em relação ao método científico, caso em que ele deveria ser demitido, ou por sua ociosidade ou mesmo teimosia na aplicação de tal método, razão igualmente justa para sua demissão.

Não há, certamente, nada como "o" método científico. O cientista usa diversos estratagemas exploratórios para desenvolver sua pesquisa. Embora tenha determinada atitude com relação a esse tipo de problemas – certa maneira de lidar com as coisas, que o torna mais propenso ao sucesso do que as simples apalpadelas de um amador – ele não usa nenhum procedimento da descoberta que possa ser logicamente roteirizado. De acordo com a metodologia de Popper, o reconhecimento de uma verdade é precedido pela preconcepção imaginativa daquilo que seria a verdade – pelas hipóteses que William Whewell primeiro denominou de "suposições felizes", e depois, como se lembrasse de que fora mestre do Trinity College, chamou de "golpes felizes do talento inventivo".

O cotidiano da ciência consiste, principalmente, em fazer observações ou experimentos planejados para descobrir se o mundo imaginado de nossas hipóteses corresponde ao real. Um ato de imaginação, uma aventura especulativa, é isso que forma a base de todo aperfeiçoamento do conhecimento natural.

Não foi um cientista nem um filósofo, mas, sim, um poeta quem primeiro classificou esse ato da mente e descobriu a palavra certa para isso. O poeta foi Shelley e a palavra, *poiesis*; a raiz das palavras "poema" e "poesia", que significa confecção, fabricação ou ato de criação.

Com esse sentido mais amplo da palavra em mente, Shelley declarou com sinceridade no seu famoso *Defense of Poetry* (1821) que a "poesia compreende toda a ciência". Ele classificou, desse modo, a criatividade científica como um tipo de criatividade normalmente associado à literatura imaginativa e às belas-artes. Para Shelley "um homem não pode dizer Eu *vou fazer* poesia... mesmo o maior dos poetas não pode dizer isso". Da mesma maneira, penso eu, um cientista não pode dizer: eu *vou fazer* uma descoberta científica; nem mesmo o maior deles pode dizer isso.

Resumo e conclusões

Comecei este ensaio com três histórias de descobertas que não poderiam ter sido premeditadas, e, portanto, nunca poderiam ser o alvo de projetos científicos encomendados. Continuei, então, dizendo que seria imprudente creditar à sorte as consequências de uma preparação deliberada da mente. Por último, argumentei que a concepção moderna de procedimento científico, com a concepção da poesia de Shelley, é incompatível com a ideia de que a descoberta científica possa ser premeditada. Resumindo, acredito agora que estou em condições de responder a questão proposta no título: "A descoberta científica pode ser premeditada?" A resposta é: "Não".

Referências bibliográficas

BAKER, J. R. *The Scientific Life*. Londres: Allen & Unwin, 1942.

HODGKIN, A. L. Chance and design in electrophysiology: an informal account of certain experiments on nerve carried out between 1934 and 1952. *J. Physiol*, 1976, 263:1-21.

KUHN, T. S. *The Structure of Scientific Revolutions*. Chicago, 1979 (Ed. bras. *A estrutura das revoluções científicas*. São Paulo: Perspectiva, 1997.)

_____. *Essential Tension*. Chicago, 1978.

LINDSTROM, J. Autoimmune response to acetylcholine receptors in myastenia gravis and its animal model, 1979.

NEWSOM-DAVIS, J. et al. Function of circulating antibody to acetylcholine receptor in myastenia gravis: investigation by plasma exchange. *Neurology*, 1978, 28:266-72.

PATRICK, J. e LINDSTROM, J. Autoimmune response to acetylcholine receptor. *Science*, 1973. 180:871-2.

PEARSON, Karl. *The Grammar of Science*. Londres, 1892.

POPPER, K. R. *The Logic of Scientific Discovery*. Londres, 1959 (Ed. bras. *A lógica da pesquisa científica*. São Paulo: Cultrix.)

SIMPSON, J. A. Myasthenia gravis: A new hypothesis. *Scottish Medical Journal*, 1960. 5:419-35.

WHEWELL, William. *The Philosophy of the Inductive Sciences, 1810*.

Os Limites da Ciência

É importante saber que a ciência não faz asserções sobre as questões últimas – sobre os mistérios da existência, ou sobre o papel do homem neste mundo. Isso parece estar bem compreendido. Mas alguns cientistas de renome, e outros não tão importantes, têm-se equivocado quanto a esse ponto. O fato de que a ciência não pode fazer nenhum pronunciamento sobre princípios éticos tem sido entendido erroneamente como uma indicação de que tais princípios não existem, quando, de fato, a busca pela verdade pressupõe a ética.

Karl Popper
Dialectica 32:342

Oh, Timóteo, guarda o que te foi confiado, desviando-te dos falatórios vãos, que violam o que é santo, e das contradições do falsamente chamado "conhecimento". Por ostentarem tal [conhecimento], alguns se desviaram da fé.

1 Timóteo 6:20-21

Resumo

Os "novos filósofos" da Inglaterra do século XVII não imaginavam um limite para a ciência. Seu lema (cuja origem na Espanha descreveremos adiante) era *Plus Ultra*. Eles acreditavam que, para a ciência, sempre haveria algo mais além. A existência de um limite para a ciência fica clara pela incapacidade desta última em responder questões mais elementares, relacionadas às coisas primeiras e últimas, questões do tipo: "Como tudo começou?", "O que estamos fazendo aqui?", ou "Qual o sentido da vida?". O positivismo doutrinário repudia tais questões como não questões ou pseudoquestões – dificilmente uma réplica caberia aqui, já que essas questões fazem sentido apenas para aqueles que as perguntam, e suas respostas, apenas para aqueles que tentam dá-las.

O presente artigo pretende explicar por que a ciência não pode responder tais questões e por que nenhum avanço concebível da ciência poderia autorizá-la a dar essas respostas. O autor considera, mas também critica, a ideia de que o crescimento da compreensão científica é autolimitado, isto é, torna-se cada vez mais lento, chegando à estagnação. Tal fenômeno seria consequência do próprio crescimento da ciência, da mesma maneira que o crescimento da população, dos arranha-céus ou das aeronaves.

62 PETER B. MEDAWAR

Há uma limitação intrínseca ao crescimento da compreensão científica. Tal limitação nada tem a ver com nossa capacidade cognitiva e é uma limitação lógica ligada a "Lei de Conservação da Informação". Não é na ciência, portanto, que devemos buscar as respostas para as questões mais elementares, mas sim na Metafísica, na Literatura imaginativa ou na religião. Já que essas respostas não precisam de validação por evidência empírica, não seria proveitoso, nem mesmo importante, questionarmos se são verdadeiras ou falsas. A questão mais importante é se tais respostas trazem ou não alguma paz de espírito, ao aliviar a ansiedade que vem da incompreensão, ou, ao afastar o medo do desconhecido. O malogro da ciência em responder essas questões não requer, de maneira alguma, a aceitabilidade de outros tipos de respostas. Nem podemos tomar por certo que, como é possível formular tais questões, elas possam ser respondidas. Até onde nossa compreensão nos permite, elas não podem sê-lo.

Muitas razões são dadas para a suposição de não haver limites ao poder da ciência para responder questões do tipo que ela realmente *pode* responder. Essa é a maior glória da ciência: tudo o que é possível, em princípio, pode ser feito se a intenção for suficientemente resoluta e bem sustentada.

Capítulo 1
Plus Ultra?

A Figura 1 é uma reprodução do frontispício do *Novum Organum* (1620), o primeiro trabalho do Sistema de Filosofia de Francis Bacon, *The Great Instauration*. O frontispício retrata o estreito de Gibraltar flanqueado pelas colunas colossais de Hércules, cada uma tão grande que faz o Empire State Building parecer uma edícula. Abaixo das colunas encontra-se uma inscrição (Daniel 12:4), considerada profundamente profética e prodigiosa pelos "novos filósofos" ("cientistas", como dizemos agora) da geração de Bacon, muitos dos quais pertenciam a ordens sagradas. A inscrição diz: "Muitos [o] percorrerão e o conhecimento se tornará abundante" – uma declaração que pressentia as grandes viagens das descobertas, o movimento populacional entre a Inglaterra e o continente europeu, e, especialmente, da Inglaterra para a América do Norte. Tal declaração profetizava, também, o progresso do saber do qual Bacon era a principal boa-nova.

Essas colunas desempenharam um papel simbólico muito importante na grande revolução científica da era de Francis Bacon e de Jan Amos Comenius. Citei em outra local,[1] o pronunciamento

---

1 P. B. Medawar, *Pluto's Republic* (Oxford), p. 326.

Figura 1 - Frontispício de *The Great Instauration* de Francis Bacon

OS LIMITES DA CIÊNCIA **65**

da professora Marjorie Hope Nicolson sobre o assunto, apresentado na Universidade Rockefeller:

> Antes de Colombo navegar pelo Atlântico, o brasão da família real espanhola era uma *impresa*, representando as Colunas de Hércules, no estreito de Gibraltar, com o lema, *Ne Plus Ultra*, ou seja, "nada mais além". Era o orgulho e a glória da Espanha; naquela época, o posto avançado do mundo. Quando da grande descoberta de Colombo, a realeza espanhola fez a única coisa necessária: apagou a negativa do lema, inscrita abaixo das Colunas de Hércules, deixando apenas, *Plus Ultra*, ou seja, "há mais além".

Isso rendeu uma boa história, embora tal frugalidade não fosse esperada de uma família real, nascida da união das casas de Aragão e Castela. Mas o reexame da matéria feito pelo professor Earl Rosenthal[2] mostrou que esse pronunciamento precisava de revisão. Embora o lema estivesse tradicionalmente associado à família real, as colunas, na verdade, nunca tiveram a inscrição *Ne Plus Ultra*. Atribuir a Hércules a inscrição do lema sob as colunas é tão lendário quanto à existência das próprias colunas. É indubitável, entretanto, que as colunas foram o emblema heráldico da monarquia espanhola. Também é verdade que a partir da descoberta da América, a realeza apagou a negativa do lema, e deixou apenas *Plus Ultra*: agora o orgulho e a glória da Espanha era ter sido até então o posto avançado do Velho Mundo e passara a ser o portão aberto ao Novo Mundo para aqueles que quisessem conhecer as riquezas e as promessas de aventura. A Figura 2, que mostra um assento do coro da Catedral de Barcelona, ilustra o emblema heráldico do rei Carlos I da Espanha (o imperador Sacro Romano Carlos V), os mantos pelos quais os guardas alemães passaram a ser conhecidos como "plus ultras", pois estavam ornados com aquele emblema régio.

O *Plus Ultra* foi aceito como lema ou *slogan* pelos pioneiros da ciência do final do século XVI e início do século XVII, sendo um

---

2 *Journal of the Warburg and Courtauld Institute*, 1931, 34:204-17.

Figura 2 - Assento do coro na Catedral de Barcelona. (Fotografia da Agência Arxiu Mas, Barcelona).

OS LIMITES DA CIÊNCIA **67**

slogan muito bem adaptado para o que se esperava daquela nova filosofia. Não havia limite para a ciência; haverá sempre algo mais além. Esses pioneiros não estavam totalmente enganados. Em termos do cumprimento das intenções declaradas, a ciência é incomparavelmente o mais próspero empreendimento em que os seres humanos se envolveram.[3] Visitar e andar sobre a Lua? Já o fizemos. Acabar com a varíola? Foi uma satisfação. Aumentar a expectativa de vida em pelo menos um quarto de século? Sim, certamente, embora vá demorar um pouco mais.

O reverendo dr. Joseph Glanvill (1636-1680) escreveu uma homenagem à nova ciência intitulada *Plus Ultra* (1668), na qual, além do elegante golpe a Aristóteles, aconselhava aos novos filósofos como escrever, e com que espírito conduzir seus próprios experimentos.

Henry Power, FRS, tinha tanta confiança na nova ciência que escreveu (em *Experimental Philosophy*, 1664): "O progresso da arte é indefinido, e, quem pode estabelecer uma limitação para esse progresso?". (Por "arte", naturalmente, Power entendia o que hoje denominamos engenharia ou destreza).

A grande questão deste ensaio é: será que aqueles impulsivos pioneiros estavam com a razão? Sempre haverá Plus Ultra? Não há limite para o avanço do entendimento científico, bem como para o poder que tal entendimento nos confere?

Já que Bacon foi o grande porta-voz da nova Filosofia, demos, então, a palavra a ele. Há uma passagem de Bacon (provavelmente do Prefácio de *The Great Instauration*) que nos dá a impressão de que ele acredita que somente a falta de coragem e ousadia poderia

---

3 Um filósofo profissional repreendeu-me por ter feito tal afirmação. "A menos que sejamos bem-sucedidos", ele me disse, "não podemos chamar isso de ciência". Ora bolas! Estou engajado na pesquisa científica há 50 anos e ainda que muitas das minhas hipóteses estejam equivocadas ou incompletas eu as considero altamente científicas. Isso faz parte da ciência. É pura ilusão achar que estamos sempre no auge de um empreendimento científico, praticando um Método que nos previna de qualquer erro. Certamente não é assim. A nossa maneira de lidar com as coisas nos permite supor ser menos frequente o certo do que o errado, mas ao mesmo tempo nos assegura que não precisamos persistir no erro se nos empenharmos de maneira séria e honesta.

68 PETER B. MEDAWAR

retardar o progresso da ciência. Pensando nas Colunas de Hércules, frontispício de sua obra, e no *Ne Plus Ultra*, ele escreveu (tradução de Gilbert Wats para o inglês, 1674): "... as ciências também têm, por assim dizer, suas colunas fatais; o homem está estimulado apenas pelo desejo ou esperança de ir mais além".

Entretanto, no Livro I do *De Dignitate et Augmentis Scientiarum*, Bacon, ao escrever explicitamente sobre ciência e ao admitir que a esta pode "compreender toda natureza universal das coisas", fala de três limitações:

> A primeira, que não limitemos nossa felicidade apenas ao conhecimento, pois esqueceríamos nossa mortalidade; a segunda, que a aplicação do conhecimento seja para nos dar repouso e satisfação, e não desgosto ou aflição: a terceira, que não devemos supor que pela contemplação da natureza alcançaremos os mistérios de Deus.

As Questões Últimas

A existência de um limite para a ciência é muito provável por existirem certas questões que a ciência não pode responder e nenhum avanço concebível da ciência poderá autorizá-la a tal façanha. Essas questões são aquelas mais primordiais – as "questões últimas" de Karl Popper:

> Como tudo começou?
> O que estamos fazendo aqui?
> Qual o sentido da vida?

O positivismo doutrinário[4] – agora apenas uma ideia que caracterizou certo período da história ocidental – repudia tais questões

---

4 Assim como Boswell, uma vez solicitei a Karl Popper que expressasse em uma frase a quintessência do positivismo. Ele então respondeu: "O mundo é só aparência". Até

OS LIMITES DA CIÊNCIA **69**

como não questões ou pseudoquestões do tipo que somente os mais ingênuos perguntam e somente certos charlatões afirmam ser capazes de responder. Tal dispensa decisiva deixa um vazio e alguma insatisfação porque as questões fazem sentido para aqueles que as perguntam, e as respostas, para aqueles que tentam dá-las; no mais, todos concordam que não é na ciência que devemos procurar por tais respostas. À primeira vista, há indícios da existência de um limite para o entendimento científico.

De que Tipo Pode Ser esse Limite?

Devo considerar duas possibilidades principais, cada uma das quais pode ser subdividida:

1. O crescimento da ciência é autolimitado, ou seja, vai diminuindo e finalmente chega a uma estagnação, como consequência do próprio processo de crescimento – assim como o crescimento de populações naturais, arranhacéus e aeronaves.

2. Como possibilidade alternativa, pode haver algum limite *intrínseco* para o crescimento do entendimento científico, limite que pode ser subdividido em:

2.1 *Cognitivo* – tem a ver com o aspecto de apreensão e absorção pela consciência, como tentarei ilustrar com uma parábola relacionada à limitação intrínseca do poder de resolução do microscópio comum.

2.2 *Lógico* – isto é, originado da verdadeira natureza do raciocínio. Dessa maneira, esperar da ciência respostas às questões últimas é equivalente a esperar dos axiomas e postulados de Euclides a dedução do teorema relacionado ao preparo de um bolo.

---

então tinha-me habituado com a paródia da primeira proposição do *Tractatus logico-Philosophicus de Wittgenstein* (Trad. de B. A. Russell, Londres, 1922): "O mundo é tudo o que parece ser"; mas brincadeiras à parte, as proposições 1.0 a 2.103 em Wittgenstein são certamente um curso intensivo em positivismo.

Capítulo 2
O crescimento da ciência é autolimitado?

No último capítulo, fiz referência à autolimitação do crescimento da ciência, que poderia ocorrer como consequência direta de seu próprio processo de crescimento. Dei como exemplos, o aumento populacional e a altura dos arranhacéus. Vamos examiná-los primeiro. As populações são, em princípio, capazes de aumentar continuamente, pois como qualquer crescimento biológico, aquilo que resulta do crescimento também é capaz de crescer. Nenhuma população, na vida real, pode aumentar exponencialmente por mais de algumas poucas gerações, pois a taxa de crescimento de toda população real é limitada pela ação de um ou mais fatores dependentes da densidade. Entre tais fatores estão o esgotamento das fontes de alimento, a acumulação de dejetos e os efeitos do estresse psicofisiológico provocado pela superpopulação sobre a reprodução – tudo isso conspira para manter o tamanho da população bem abaixo de seu potencial malthusiano.

É absurdo, portanto, supor que a população humana poderá se tornar tão numerosa a ponto de preencher toda superfície terrestre. De qualquer maneira, não seria absurdo supor que, a menos que a taxa de natalidade caia para um nível comparável com a taxa de mortalidade, a fome e a pestilência esperadas do apocalipse malthusiano

72 PETER B. MEDAWAR

deverão estar entre os fatores limitantes do crescimento populacional. Não é apenas uma ameaça teórica, tal como aquela história do calor consequente da morte do universo, quando a entropia se concluir. Hoje, tanto na cidade do México como no Chifre da África já podemos ouvir a abertura do *Dies Irae*, o réquiem para a humanidade, escrito, talvez, para lamentar as consequências da negligência legislativa e da depreciação sistemática, por razões políticas ou religiosas, da extensão da ameaça com que agora nos confrontamos.

Mencionei o crescimento dos arranha-céus como um segundo exemplo de autolimitação do crescimento. Considerando quanto do orgulho cívico dos Estados Unidos está presente na construção dos gigantescos arranha-céus, as pessoas ficariam surpresas ao saber do motivo que impossibilita tais edifícios de serem tão altos quanto o desejaria qualquer cidadão. A resposta é óbvia. A menos que os últimos andares permaneçam desabitados, a proporção de espaço no piso alocada para os elevadores ocuparia uma área muito grande no centro do edifício e logo se tornaria muito dispendiosa – uma verdade simples de entender, quando lembramos daqueles grandes edifícios onde os elevadores sobem lentamente pelo lado externo da construção.

Um terceiro exemplo de autolimitação do crescimento seria o truísmo geométrico frequentemente referido (de maneira errada, segundo me disseram) como Lei de Spencer. Segundo essa lei, se um corpo tridimensional crescer em tamanho sem mudar de forma, sua área externa aumentará ao quadrado de uma dimensão linear, ao passo que seu volume ou massa, aumentará ao cubo. Esse princípio coloca um limite máximo[1] para o tamanho dos animais terrestres. O peso de um animal aumenta com o cubo de uma dimensão linear, ao passo que a capacidade de seus membros para suportar seu peso

---

1 Da mesma maneira coloca também um limite mínimo: pesando apenas 2 gramas quando adulto, o esquilo pigmeu etrusco apresenta uma razão superfície/volume tão grande quanto poderia apresentar um animal homeotermo de tamanho tão pequeno, levando em consideração a taxa de perda de calor. Esse animal se alimenta ininterruptamente para manter a temperatura do corpo.

OS LIMITES DA CIÊNCIA 73

depende da área do corte transversal daqueles membros, que aumenta somente ao quadrado. A perna do elefante já é semelhante a uma coluna. Se o elefante fosse muito maior, ficaria difícil enxergarmos a luz do dia entre suas pernas. Igual princípio aplica-se às grandes aeronaves. Por mais vantajoso que seja, comercial e aerodinamicamente, o aumento do tamanho dos aviões leva a um problema relacionado à capacidade física do trem de pouso de suportar o peso do avião no momento do impacto com o solo, quando da aterrissagem. Até agora, felizmente, a metalurgia tem avançado o bastante para evitar qualquer problema dessa natureza.

Com esses quatro exemplos em mente, podemos agora perguntar que tipos de restrições surgem no contexto do avanço do saber. As seguintes possibilidades têm sido debatidas:

1. O volume do conhecimento científico é tão grande que um cientista já não consegue orientar-se em sua jornada de descoberta: ninguém pode saber o que já é conhecido e o que ainda resta a descobrir.

2. A ciência, hoje, está tão especializada e tão fragmentada que nenhuma síntese será possível, e, portanto, não pode haver nenhum avanço que necessite de tal síntese.

3. A vanguarda da ciência é tão avançada e seus conceitos são tão difíceis de entender que estão além da compreensão de qualquer mente. Um cientista não poderá, doravante, se achar qualificado para a pesquisa, apenas com uma educação convencional de terceiro grau. Seriam necessários, hoje em dia, dez ou doze anos de estudo para um cientista continuar atuando na linha de frente da pesquisa.

4. Uma quarta possibilidade é a mais alarmante e, por essa razão, a mais amplamente investigada: a ciência já superou nossa moral, de modo que todos devemos nos autodestruir no fogo de Prometeu[2]

---

2 Atualizando a lenda de Prometeu, devemos ter em mente que o calor do Sol é produzido pela fusão do núcleo de hidrogênio para formar o hélio, gerando energia proporcional à consequente perda de massa. Foi do Sol, então, que o novo Prometeu roubou o segredo da bomba de hidrogênio.

74 PETER B. MEDAWAR

criado por nós mesmos, ou, então, nos autocondenar a um imenso desfecho faustiano, pela simples ambição de querermos descobrir tudo aquilo que deveria ter permanecido oculto.

Há algo de verdadeiro em cada uma dessas proposições? Em minha opinião, não há:

1. Os problemas surgidos pelo volume oceânico do conhecimento científico são, essencialmente, problemas tecnológicos, para os quais soluções tecnológicas adequadas são rapidamente descobertas. Computadores semelhantes àqueles usados nos serviços médico-biológicos, como o *Excerpta Medica* de Amsterdã, dotam o cientista de vasta memória exossomática[3] com capacidade imediata de recuperação de informação.

2. A ciência esta tão especializada e fragmentada que nenhuma síntese é possível, e, portanto, nenhum avanço que necessitasse de tal síntese poderá ocorrer. As áreas pesquisadas pelos cientistas estão ficando cada vez mais restritas e mais isoladas, o que torna a comunicação entre eles praticamente impossível. Mas, por outro lado, nunca existiu uma ciência *única*, nem um todo bem configurado, que, depois, foi fragmentado por nós, pobres mortais, em partes cada vez menores, mais fáceis de cultivar. As ciências e as artes sempre existiram. Nenhum homem sozinho pode conhecer todas elas – nunca nenhum homem isolado dominou a técnica, por exemplo, para fabricar copos, produzir cerveja, fabricar roupas de couro, fazer papel e fundir sinos.

Vamos supor que o fato de um biólogo poder se comunicar, ainda que dificilmente, com outro biólogo, ou um físico, com outro físico seja verdade. Não deveria ser verdade *a fortiori* que, apesar de existir uma brecha profunda separando os físicos dos biólogos, como se

---

3 Uso "exossomático" para me referir aos nossos órgãos extracorporais. Assim as máquinas de diálise seriam nossos rins exossomáticos e os respiradores, nossos pulmões exossomáticos. Os computadores são essencialmente cérebros exossomáticos, pois muitas de suas funções são semelhantes às do cérebro.

OS LIMITES DA CIÊNCIA **75**

trabalhassem em planetas diferentes, ainda haveria algum tipo de comunicação entre esses cientistas?

Acredito que sim, mas a historia é bem diferente: em vez de ficarem contemplando a Biologia com um estupor confuso de incompreensão, os químicos e os físicos entraram no mundo da Biologia, e nos deram uma nova e profunda compreensão das estruturas e funções das criaturas vivas – especialmente quanto a seu crescimento e hereditariedade. Se for verdade que a especialização já chegou ao extremo alegado pelos mais grosseiros e enfadonhos oradores, e, se é verdade que biólogos e físicos vêm se comunicando, até agora, apenas por pantomima, hoje não haveria nenhuma Biologia Molecular. As ciências, na verdade, estão se tornando mais unificadas. A ciência está se aproximando cada vez mais daquele todo bem configurado que supostamente foi seu início.

A razão de haver pouca comunicação entre os cientistas mais criativos é porque, realmente, eles não querem se comunicar. Os cientistas, quando desenvolvem seu trabalho, ficam obsessivamente absortos por tal tarefa, a ponto de só desejarem cultivar seus próprios jardins. Eles são pouco curiosos sobre o que se passa no jardim de seus colegas. Quando se aproximam, socialmente, o fazem apenas para solicitar o empréstimo de algumas ferramentas – em especial aquelas utilizadas nos jardins dos físicos.

3. O próximo processo de autolimitação da ciência a ser considerado está relacionado com as fronteiras da ciência, agora, no limite da compreensibilidade. Um cientista, doravante, deve estudar durante dez ou quinze anos, se quiser assumir um lugar na linha de frente da pesquisa entre aqueles engajados na luta pelo conhecimento. Mesmo assim, a ciência moderna estará além da compreensão de qualquer mente isolada.

Essa proposição faria sentido se, de fato, contássemos apenas com intelectos individuais. Na realidade, trabalhamos com um consórcio de inteligências, tanto do passado como do presente. Aquilo que pensamos e fazemos é uma função do que outros pensaram e fizeram – pessoas cujas descobertas e erros são parte da nossa própria herança do conhecimento. Desse modo, o aparelho

76 PETER B. MEDAWAR

de televisão (talvez o dispositivo tecnológico mais complicado em uso cotidiano) não está dentro da compreensão efetiva de uma única mente. Se algum dia um holocausto obliterar a ciência e a tecnologia, a ponto de termos de começar tudo novamente, uma pessoa sozinha não teria todos os conhecimentos sobre a tecnologia do vidro e do plástico, nem sobre eletrônica e vácuo, que seriam necessários para reordenar e redirecionar todas as atividades daquelas mentes que, no devido tempo, poderiam reconstruir o aparelho de televisão. Foi um consórcio de engenheiros e tecnólogos, certamente, e não um único intelecto, que acumulou conhecimento teórico e experiência prática para construir o aparelho de televisão. Resumindo, foi um grande empreendimento cooperativo que resultou na invenção do aparelho de televisão, ao contrário do que possa ter parecido em certa época.

O cientista, agora, está obrigado a despender dez ou quinze anos para se habilitar na prática da pesquisa. Todavia, isso faz parte de um aprendizado permanente, pois a pesquisa é, de fato, aprendizado. Qual cientista chega a sentir que sua pesquisa está completa e inteiramente concluída? A natureza da ciência é tal que o cientista se acha na obrigação de estar sempre aprendendo, durante toda sua vida, e sente-se feliz por tal obrigação. Não há um processo determinado de educação ao término do qual o cientista possa se declarar preparado finalmente para participar da grande batalha contra a ignorância e as doenças. Seria diferente se a ciência tivesse uma verdade a ser atingida. No entanto, ela não tem. Como foi explicado e justificado na página 15, nota 1, na ciência não pode haver nenhuma certeza apodíctica. Isso significa que não pode haver nenhuma certeza finalmente conclusiva que esteja além do alcance do criticismo.

4. Retorno, por fim, ao último dos quatro agentes que poderiam retardar e, eventualmente, estancar o avanço do aprendizado. Penso no grande fogo de Prometeu, que um dia consumirá a todos.

Esse não é um exemplo válido de autolimitação do crescimento, porque tal desenredo não está, de nenhum modo, necessariamente vinculado a qualquer processo de desenvolvimento do conhecimento.

OS LIMITES DA CIÊNCIA 77

Seria concebível, teoricamente, uma situação em que o dirigente de um laboratório de genética, inflamado por variante lunática da ambição baconiana, personificada no "The Effecting of All Things Possible" – a ambição de fazer algo simplesmente porque *pode* ser feito –, queira revestir o ácido nucleico de um vírus mortal com proteína não antigênica. Essa proteína, então, despojaria o corpo humano de qualquer defesa contra aquele vírus. Dessa maneira, nosso fim estaria próximo de se concluir. Tal situação seria concebível, como eu disse antes, mas não estaria vinculada de maneira lógica a nenhum processo de desenvolvimento do conhecimento, como aquele que nos levou à virulogia ou à genética molecular, cujos profissionais se equiparam aos melhores quanto à sobriedade e solenidade de seu propósito. Na vida real, ninguém se comporta como os cientistas maus dos filmes de ficção científica góticos, do mesmo jeito que ninguém jamais se comportou como os personagens dramáticos dos livros de Mary Shelley ou de Ann Radcliffe. Não deveria ser parte da lei comum do mundo da ciência que os cidadãos sejam julgados sãos até que se prove o contrário?

Capítulo 3
Há uma limitação intrínseca ao crescimento da ciência?

Antes de iniciar essa discussão devo recordar o leitor de que as limitações da ciência podem ser de dois tipos que, por sua vez, podem ser subdivididos. A primeira possibilidade foi a autolimitação do crescimento científico – o crescimento da ciência seria por necessidade lógica, protelado pelas consequências do próprio ato do crescimento, mas depois de considerar quatro possibilidades relacionadas à autolimitação, concluí não haver tal limitação para a ciência.

A segunda possibilidade seria a existência de uma limitação intrínseca da ciência, quer devida a uma inadequação cognitiva ou a uma restrição originada da própria natureza do processo de raciocínio. A "inadequação cognitiva" será explicada a seguir.

A Parábola do Microscopista

O "poder" do microscópio não está na sua capacidade de ampliar o objeto estudado, pois não há limite prático para a ampliação e esta pode se mostrar inútil depois de certo limite, já que não revelará

80   PETER B. MEDAWAR

mais nenhum detalhe.[1] O *poder de resolução* é o mais importante para o microscopista, ou seja, o poder de distinguir os objetos que estão muito próximos. Por volta da metade do século XIX, o microscópio de luz ou microscópio óptico composto tornou-se um instrumento muito refinado, estimulando ambições que, por si só, ele não podia realizar. O microscopista ficou ciente da existência de um mundo de estruturas finas, que estava fora de seu alcance. Esse era o mundo dos objetos de magnitude nanométrica,[2] o mundo dos vírus, dos minúsculos microrganismos, das organelas celulares e nucleares, como as mitocôndrias e os cromossomos, o mundo, também, de protozoários, como os foraminíferos e as diatomáceas; microrganismos construtores de conchas com gravações das mais finas e raras, ornamentadas com profusões de rococós. Embora ciente de sua existência, a maior parte desse mundo, encontrava-se além do alcance do microscopista. (A Figura 3 ilustra alguns desses finos detalhes.)

Sob pressão da demanda feita pelos estudiosos da estrutura celular, pelos bacteriologistas e por muitos amadores de talento – homens como Brewster, Wollaston, Coddington e, principalmente Ernst Abbé, de Jenna –, o poder do microscópio melhorou consideravelmente. Isso se deu graças à incorporação de um condensador, para focar a luz sobre o objeto a ser examinado, e, também, de lentes acromáticas e apocromáticas, para corrigir as aberrações cromáticas e esféricas. Esses melhoramentos ajudaram muito, mas ainda faltava mais. Quanto mais longe a fronteira do visível era empurrada, mais inacessível se tornava o mundo que ainda estava fora de nosso alcance, ou seja, o mundo ultramicroscópico. Sua inacessibilidade devia-se à limitação intrínseca do poder de resolução do microscópio de luz. Não era possível resolver, ou seja, distinguir, duas estruturas separadas por cerca da metade do comprimento de onda da luz visível. Não adiantava mais olhar com cuidado através

---

1   Quem iria ampliar uma foto de jornal – composta de milhões de pequenos pontos – com o objetivo de ver com mais detalhes?

2   Um nanômetro é igual a $1,0 \times 10^{-9}$ m

OS LIMITES DA CIÊNCIA 81

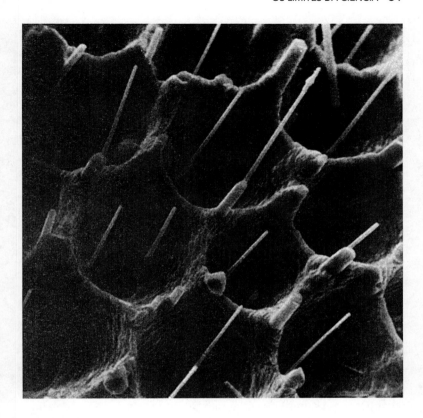

Figura 3: Imagem obtida por microscópio eletrônico da concha de um foraminífero *Globigerinoides sacculifera*, mostrando detalhes que não podem ser resolvidos pelo microscópio de luz comum. (Extraída por H. A. Buckley, do Museu Britânico de História Natural e reproduzida aqui por cortesia dos curadores.)

do microscópio de luz. Nenhum esforço de atenção podia ser útil; havia, agora, uma barreira cognitiva intrínseca.

Uma limitação análoga apresenta-se ao pescador que tenta capturar peixes de tamanho menor que as aberturas de sua rede; exceto por sorte, ele será incapaz de realizar tal tarefa.

Surge, então, a seguinte questão: nós, cientistas, não estaríamos numa situação análoga à do microscopista, a ponto de nossos sentidos (entendendo essa palavra no sentido mais amplo possível) serem intrinsecamente incapazes de ter acesso à fonte de informação necessária para responder as questões últimas? A analogia parece não fazer sentido. O microscopista, sabendo de sua limitação e do porquê desta, pôde tomar as medidas necessárias para remediar sua condição. Nós, no entanto, não sabemos da nossa limitação e não podemos tomar nenhuma medida apropriada. Entre as medidas do microscopista estavam a substituição da luz visível pela luz de comprimento de onda curto, como a luz ultravioleta, usada com lentes de quartzo, permeáveis àquela luz; e, também, o uso da fotografia no lugar da visão direta. O ponto final foi, naturalmente, o feixe de elétrons (Figura 3) no lugar da luz e o anteparo fluorescente para inspeção direta. Estava criado o "microscópio eletrônico" que usa magnetos em vez de lentes, para focalizar o feixe. Desse modo, ao reconhecer a natureza de sua limitação, o microscopista pôde aplicar as medidas necessárias para remediar suas restrições, o que não aconteceu com o cientista.

A Lei da Conservação da Informação

Os amantes dos dois livros de *Alice* de Lewis Carrol, há muito tempo reconhecidos como uma sátira matemático-filosófica, certamente lembram-se do episódio em que a Morsa e o Carpinteiro convidam algumas ostras para um passeio ao longo da praia, com a óbvia intenção de comê-las depois. Para distrair sua atenção, a Morsa dirige-se às ostras, desta maneira, como nos conta Carrol:

"Chegou a hora" disse a Morsa,
"Para falar sem timidez:
De lacres, sapatos e navios –
De repolhos e de reis –
Por que o mar ferve tanto, ou,
Se os porcos têm asas, talvez."*

A Morsa pode ter-se poupado de algum trabalho ao dizer às ostras que chegara a hora de falar sobre diversas coisas tiradas das observações empíricas e, assim, certos problemas surgiriam a partir daí.

A relevância dessa inesperada divagação dentro da poesia fica evidente pela exposição da Lei da Conservação da Informação, que diz: *Nenhum processo de raciocínio lógico – um simples ato da mente, ou alguma operação programada por computador – pode ampliar o conteúdo da informação presente nos axiomas e premissas nem o conteúdo da informação presente nas observações das quais os axiomas e premissas procedem.*

Em geral, "informação" é considerada um conceito abstrato, concretamente exemplificado por alguma proposição do tipo, "Madri é a capital da Espanha". No entanto, no vocabulário profissional "informação" conota estrutura ou método, especialmente do tipo que possibilita a transmissão de uma mensagem significativa, ou, então, sob a forma de uma comunicação que prescreve e confere especificidade a alguma estrutura ou desempenho. Desse modo, a informação estruturalmente codificada na gigantesca molécula do ácido desoxirribonucleico (DNA) é tal que especifica o desenvolvimento de um organismo particular, e não de outro. Da mesma forma, a riqueza de informação expressa no projeto de um arquiteto, especifica determinada construção, e não outra. Não tentei demonstrar a validade dessa lei, mas quero desafiar alguém a descobrir alguma exceção – uma operação lógica que aumente o conteúdo de informação de qualquer expressão.

---

* Tradução de Monteiro Lobato.

84 PETER B. MEDAWAR

Podemos ilustrar o funcionamento da lei pelos teoremas da geometria de Euclides. Os teoremas de Euclides, embora algumas vezes estranhos e imprevistos (o teorema de Pitágoras surpreendeu Thomas Hobbes a ponto de fazê-lo praguejar), são apenas o desdobramento e a explicitação da informação já contida nos seus axiomas e os postulados. Os teoremas de Euclides, dados os axiomas e os postulados, seriam instantaneamente óbvios para uma mente perfeita (como A. J. Ayer observou), sem a necessidade de tornar explícita a informação neles contida por meio de uma complexa derivação dedutiva. Certamente, os filósofos e os lógicos, desde os dias de Bacon, foram claros nesse ponto: a dedução, meramente, torna explícita a informação que já existe. Não é um procedimento pelo qual novas informações sejam acrescentadas.

Devo, agora, tentar descobrir com seriedade falhas na Lei de Conservação da Informação, proposta acima. Considere primeiro uma lei indutiva, tal como aquela favorita dos filósofos: "Todos os cisnes são brancos"; ou uma das famosas leis indutivas de Max Beerbohm, como: "Homens jovens com cabelos prematuramente grisalhos são sempre charlatões"; ou, mesmo, a lei formulada pelo famoso psiquiatra de P. G. Wodehouse, Sir Roderick Glossop: "O interesse secular nos assuntos de procedimento litúrgico é, invariavelmente, prelúdio para a insanidade". O desafio potencial da Lei de Conservação da Informação encontra-se na questão do processo de raciocínio que nos capacita a passar de um estado empírico de consciência, ou seja, da constatação de que alguns cisnes são brancos, para uma generalização na forma de uma lei que diz que *todos* os cisnes são brancos. A mesma questão pode, naturalmente, ser arguida no caso da lei de Beerbohm, ou seja, sabendo-se que este, aquele e outro jovem de cabelos grisalhos são charlatões, generaliza-se a partir dessas constatações particulares. A resposta é que, naturalmente, não há *nenhum* processo de raciocínio lógico pelo qual podemos proceder das particularidades para as leis gerais que as expressam. Nenhum filósofo alega que tais generalizações são mais que suposições; certamente, se *existisse* tal processo de raciocínio, a ideia da conservação de informação seria desconsiderada.

Nenhuma generalização indutiva pode conter mais informações do que a soma de seus casos particulares conhecidos. Uma lei indutiva é uma hipótese que não dá nenhuma sustentação à certeza.

Em nenhum sentido, então, as "leis" indutivas constituem ameaças para a Lei da Conservação da Informação, cujas falhas tentei descobrir. Nem mesmo a existência de programas de computação, como o Bacon 3 do doutor Pat Langley, como ele mesmo relatou na sexta conferência internacional de inteligência artificial, são ameaças para essa lei. Quando alimentado com dados empíricos, o Bacon 3 redescobriu a Lei dos Gases de Boyle e a terceira lei de Kepler, dos movimentos planetários, ao procurar, nos dados, por correlações e invariâncias. Naturalmente que não se trata de uma descoberta, mas, sim, de uma redescoberta, como Langley deixou claro. A informação alimentada no computador obedecia às leis que ele enunciou. O que o computador fez foi o mesmo que a dedução, ou seja, destacar e tornar explícita a informação já contida nos dados. Seria considerado deveras absurdo se o computador, alimentado com as informações pelas quais as leis de Boyle e a terceira lei de Kepler foram descobertas, chegasse à formulação do teorema de Le Chatelier.

Agora, por fim, podemos indagar qual a relevância de todo aquele palavrório com as ostras para o problema da descoberta das respostas às questões últimas. As proposições e as observações da ciência utilizam-se apenas de acessórios empíricos. No princípio epistemológico essas proposições e observações têm tudo a ver com navios, sapatos e lacres do nosso exemplo. Isso, de maneira nenhuma, deprecia a ciência, pois o mundo material está cheio de coisas maravilhosas e inspiradoras. Algumas são comuns e ordinárias, como pingo de chuva, seixos e pulgas d'água. Outras, entretanto, são do tipo que inspiram respeito, ou, num sentido literal, pode-se dizer que são extraordinárias: as águas que circundam o cabo Horn, onde o Atlântico e o Pacífico lutam pela supremacia dos mares; e, a grande abóbada celeste da qual nos tornamos cientes, quando no alto de um altiplano; lá, como em nenhum outro lugar, o mundo se faz tão grande. Tudo é parte da *mise-en-scène* empírica do mundo.

A Lei da Conservação da Informação torna claro que, tendo apenas os acessórios empíricos das observações ou das leis descritivas, não há processo de raciocínio pelo qual possamos derivar teoremas relacionados às questões primeiras e últimas. Da mesma maneira, derivar tais teoremas, a partir das hipóteses e observações da ciência, é tão difícil quanto deduzir dos axiomas e postulados de Euclides algum teorema relacionado ao preparo de omeletes ou bolos. Se chegássemos a tais conclusões, a Lei de Conservação da Informação imediatamente desmoronaria. Não acredito que a revelação seja uma fonte de informação, embora reconheça que muitos acreditam que seja, entre esses Coleridge que, por essa razão, julgava que a teologia era a rainha das Ciências Puras.

Capítulo 4
Onde prevalece o *Plus Ultra*

Está implícito nos argumentos precedentes que devemos fazer uma distinção entre as questões que a ciência pode responder e as questões pertencentes à outra esfera de raciocínio, para a qual devemos nos voltar se quisermos respondê-las.[1] Suponho, entretanto, que a questão mais provável expressa por uma pessoa de temperamento pragmático, seja: Existe algum limite na capacidade da ciência para responder às questões a que ela realmente *pode* responder? Acredito que por razões metodológicas, a resposta certamente seja, não. No mundo da ciência as "colunas fatais" mencionadas por

---

[1] Immanuel Kant teria se mostrado relutante com relação a impossibilidade de encontrar respostas para as questões últimas. Ele pergunta no Prefácio da segunda edição da *Crítica da Razão Pura*, por que a natureza deveria ter visitado nossa razão com tanto empenho, fazendo com que esta sempre procure por respostas, como se fosse um dos seus maiores interesses? (tradução para o inglês de Norman Kemp Smith, Oxford, 1929, p.21). Entretanto, o Dr. Samuel Johnson, muitas vezes considerado como nosso ponto de conexão com o bom-senso, acreditou que algumas questões *eram* irrefutáveis – uma opinião de considerável importância, pois ele era um homem profundamente pensativo e irreverente. Boswell citou um exemplo em que Johnson teria dito: "Há inumeráveis questões para as quais uma mente inquisitiva não concebe nenhuma resposta – Por que eu e você existimos? Por que o mundo foi criado? Já que foi criado, por que não foi criado mais cedo?".

Bacon (p.67), não definem um limite além do qual não podemos avançar. Na ciência há sempre alguma coisa mais além. Penso que dessa inferência pode-se tirar uma breve consideração sobre a natureza do ato criativo no avanço da ciência. Alguns indutivistas mais obstinados ainda acreditam, como John Stuart Mill acreditava, na formulação de um cálculo para a descoberta científica – um formulário de pensamento que nos levaria das observações às verdades gerais. A maioria dos metodologistas, entretanto, por maiores que sejam suas divergências, acredita que o ato generativo na ciência é a inspiração, ou o lampejo de introspecção imaginativa, que é a proposta de uma hipótese. Tal hipótese tem sempre uma preconcepção imaginativa daquilo que seja a verdade. William Whewell, como vimos, primeiro descreveu as hipóteses como "suposições felizes", embora depois, o então dono da mais prestigiosa posição acadêmica da Inglaterra tenha dito – vejam só – sobre "golpes felizes de talento inventivo". As hipóteses certamente são imaginativas em sua origem. Não foi um cientista, nem um filósofo, mas um poeta quem primeiro classificou e descobriu a palavra certa para esse ato da mente. Como expliquei antes, num contexto mais geral (p.56), o ato imaginativo que gera uma hipótese científica era considerado por Shelley cognato à invenção poética. Ele estava usando a palavra "poesia" no sentido da essência, *poiesis* – o ato de fazer, o ato da criação. As hipóteses, certamente, são produtos do pensamento imaginativo.

Desde que Platão nos falou sobre o êxtase divino da criatividade, o ato da invenção poética é respeitado por todos aqueles que o praticam, pois tal ato parece incorporar uma violação dos direitos autorais divinos – a criação de alguma coisa com sentido de beleza, ou a criação da ordem a partir do nada. Samuel Taylor Coleridge escreveu na sua *Biografia literária* (1871): "A imaginação primária, eu a considero como... uma repetição na mente finita... do ato eterno da criação[2] no infinito EU SOU". Descartes considerou a imaginação como uma

---

2 Qualquer um que acredite que as imagens de *The Rime of the Ancient Mariner* ou de *Kubla Khan* surgiram *de novo* na mente de Coleridge terá suas ilusões desfeitas por *The Road to Xanadu* de John Livingston Lowes (1927).

OS LIMITES DA CIÊNCIA **89**

faculdade da alma, "uma brisa, uma chama, ou um éter". Em algumas representações do mito de Prometeu, o fogo roubado resultou no poder da criação, expresso nas artes e nas ciências. Os grandes gênios criativos do mundo teriam surgido das emanações do fogo de Prometeu. Escrevendo sobre a imaginação, o dr. Samuel Johnson estava longe de ser pentecostal. O prazer da relação sexual, ele opinava, vem, principalmente, da imaginação: "Se não fosse pela imaginação, meu senhor, um homem seria tão feliz nos braços de uma camareira quanto nos braços de uma duquesa". (*Boswell's Life of Johnson*, G. B. Hill e L. F. Powel (Eds.), v.3 [Oxford, 1934], p.342). Gostaríamos de ouvir muito mais sobre a imaginação de Johnson, mas "não seria próprio", disse Boswell, "recordar as particularidades de tal conversa ocorrida em momentos de tanta sinceridade". Para Wordsworth, "imaginação é apenas mais um nome para introspecções mais claras, plenitude da mente e a razão no seu estado mais exaltado".

Se o ato generativo na ciência é de caráter imaginativo, somente a falta de imaginação – a total incapacidade para conceber aquilo que *poderia* ser a solução de um problema – poderá levar o progresso científico à estagnação. Nenhuma falta de imaginação – nem mesmo a falta de ousadia – ocorreu até agora na ciência, e não há a menor razão para supor que isso virá a ocorrer. A estagnação da ciência é tão difícil de se conceber quanto a estagnação da criação musical ou da literatura imaginativa. As pessoas entediadas com a Música e a Literatura modernas são as mesmas pessoas que acham que a criatividade deve tomar um rumo diferente. Elas nunca imaginam que a criatividade possa chegar à estagnação, apenas criticam essa ou aquela obra sem questionar a eterna existência de uma faculdade criativa.

Os metodologistas diferem na sua interpretação do processo de avaliação das hipóteses. Embora tal avaliação dependa da equivalência das hipóteses com a vida real (ver "A verdade", p.14-6). Thomas Khun,[3] por exemplo, considera o teste de hipóteses não

---

3 *The Structure of Scientific Revolutions* (University of Chicago Press, 1962; 1970); *Essential Tension* (University of Chicago Press, 1978).

90 PETER B. MEDAWAR

como um procedimento entre o cientista e a realidade, mas como uma questão de comparar a hipótese contra o "paradigma" prevalecente – a ortodoxia prevalecente, ou a estrutura dominante das convicções e dos modos de pensamentos. A maior parte do cotidiano da ciência consiste em fazer observações e experimentos, e, a partir das novas informações, aceitar ou modificar as hipóteses.

Desde que uma questão análoga deva, eventualmente, ser formulada diante das possíveis respostas às "questões últimas", temos agora de perguntar qual característica de uma hipótese justificaria considerá-la científica – isto é, pertencente ao domínio da ciência e do senso comum. A resposta de Kant foi que tal característica deve ser incondicionalmente verdadeira diante de qualquer hipótese que, *possivelmente*, seria considerada verdadeira. Penso que este foi o modo pelo qual Kant formulou o critério de demarcação, referido pelos pensadores desde aquela época, como "princípio da verificabilidade" ou "princípio da falseabilidade", correspondência ou não correspondência com a realidade como a essência de todos.

Minha posição na discussão até o momento tem sido de que a resposta às questões primeiras e últimas encontra-se, logicamente, fora da competência da ciência. Abordando agora outra questão, argumento que não há limite na capacidade da ciência para responder questões que a ciência *pode* responder. Nunca na história da ciência alcançamos um *Non Ultra*. Nada pode impedir ou bloquear o avanço da ciência, exceto uma doença moral como a falta de ousadia imaginada por Bacon (p.67-8), quando escreveu sobre aqueles que nunca passariam pelas colunas fatais, para os mares abertos muito além daquele limite. Seria concebível que alguma doença filosófica pudesse estancar a imaginação criadora de novas ideias científicas? Se for, deveríamos ter uma premonição disso pela paralisação de outros empenhos imaginativos mais antigos, como a literatura, a música e as artes em geral. As únicas pessoas que podem conceber esse problema seriam aquelas cujos próprios espíritos inventivos ficaram, por alguma razão, estagnados (como acontece algumas vezes conosco). Todavia, nenhum de nós pode ser tão arrogante ou mal-humorado para supor que este mundo esteja assim tão enfermo.

OS LIMITES DA CIÊNCIA **91**

A ciência continuará a progredir à medida que pudermos preservar a capacidade de conceber – mesmo que de maneira imperfeita ou rudimentar – *o que seja* a verdade, capacidade esta que ainda não perdemos; e, também, a tendência para averiguar se nossas ideias correspondem ou não à vida real.

A ciência poderia, naturalmente, chegar a um fim catastrófico. A ciência não poderia progredir num mundo devastado pela radiação mas, se a ciência acabar *devido* a isso, seria um episódio apenas, não o mais importante de uma tragédia muito mais terrível. Catástrofes à parte, acredito que a maior glória da ciência reside no seu poder ilimitado para responder as questões que ela, realmente, *pode* responder.

Aquilo que pode ser uma grande glória para ciência pode ser, também, infelizmente, uma grande ameaça para ela: ao adotar "possível em princípio" como tendo o significado de "não sendo algo que contrarie a segunda lei da termodinâmica" nem algo que contrarie nenhum princípio físico fundamental, o que se está dizendo é, na verdade, que no mundo da ciência qualquer coisa que seja possível em princípio pode ser feita se a intenção for suficientemente resoluta e longamente sustentada. Isso coloca sobre os cientistas uma obrigação moral que somente agora eles estão começando a enfrentar. Da parte dos nossos políticos, essa obrigação clama por sabedoria, compreensão científica, eficiência política, percepção de mundo e boa vontade que nenhuma administração, em nenhum país, foi capaz de reunir.

Capítulo 5
Para onde, então,
devemos nos voltar?

Terminei o último capítulo com a alegação de que não há limite quanto ao poder da ciência para responder questões que ela, realmente, possa responder. Se as questões últimas podem ser respondidas – algo que não tenho *razão* para acreditar – devemos procurar por respostas transcendentais,[1] ou seja, respostas que não surjam da experiência empírica e não necessitem serem validadas por esta. Tais respostas pertencem ao domínio dos mitos, da Metafísica, da literatura imaginativa ou da religião. Entretanto, como me perguntaram certa vez: "As respostas para questões do tipo 'Como tudo começou?' não poderiam ser de caráter empírico?"

Acredito que não. Dificilmente teremos consciência empírica da fronteira entre o ser e o nada, sem termos a consciência empírica daquilo que existe nos dois lados dessa fronteira. Enquanto do lado de cá da fronteira, o lado do ser, estamos empiricamente cientes do que ocorre, o mesmo não podemos dizer do outro lado. Desta maneira,

---

1 Usei aqui, como a maioria das pessoas faria, "transcendental", mas Karl Popper me disse que o próprio Kant (cuja opinião é legislatória) teria usado "transcendente", significando fora do domínio da experiência empírica real ou possível, bem como da ciência natural ou do senso comum.

94 PETER B. MEDAWAR

se qualquer fronteira existe, não pode existir no domínio do discurso da ciência e do senso comum.

(Alguém diz no fundo da sala: "Dê um exemplo do que se descreve como 'literatura imaginativa,' como uma fonte de conhecimento para ajudar a responder as suas questões".) O que eu tinha em mente, era a extraordinária declaração do Gênesis 1:2: "... e o espírito de Deus movia-se sobre a superfície das águas". Lembro dos meus dias de escola, quando muitos colegas ficavam surpresos por encontrar na Bíblia declaração tão distante da linguagem do Pentateuco, cujos livros são, geralmente, de caráter expressivo, e não de caráter fantástico, e corajosamente prosaicos e minuciosos quanto à narrativa das proposições e disposições divinas. Descrevi a frase do Gênesis como literatura imaginativa porque tal frase é muito distante da narrativa metódica do restante do texto. Como tantos outros, fiquei atônito e bastante tocado pela noção que ela corporifica e posso ter sentido também certo aumento da compreensão visceral, em vez de uma compreensão intelectual. Se Shakespeare ou Bacon tivessem usado essa imagem, nós a teríamos considerado maravilhosamente tocante e significativa – um exemplo, talvez, da verdade poética oposta à verdade literal insípida que tanto preocupa os cientistas.

A julgar pela reação do público nas minhas conferências sobre os limites da ciência, sinto que as pessoas não se impressionam com minhas recomendações para buscar no mito, na Metafísica ou nas religiões, as respostas sobre as coisas primeiras e últimas.

Com relação ao mito, não simpatizo com os antropólogos modernos que consideram mito e ciência estratagemas explanatórios alternativos e de mesma estatura; embora independentes e com origens diferentes. Os mitos têm rico conteúdo quase empírico, embora sejam muitas vezes considerados tendo um profundo significado interno que é aparente para pessoas com sensibilidade menos embotada do que a sensibilidade que os cientistas costumam ter. Os mitos, ao contrário, são *buncombe*[2] e não podem ser vistos de

---

2 *Buncombe* ou *bunk*: um tipo de discurso sem consistência, associado aos políticos

outra maneira. Desse modo, é pura bobagem (tomando um exemplo de Lévi-Strauss) achar que o contato com o bico do pica-pau pode curar dor de dente, mesmo que haja uma profunda congruência interna entre dente e bico, o que Lévi-Strauss omitiu. Achar que o eclipse do Sol acontece porque dois lobos, Hati e Sköl, na sua caça diária ao Sol através do céu, ocasionalmente, arrancam um pedaço dele, também é outra bobagem. Tais explanações míticas têm pretensões explanatórias empíricas que são, empiricamente, falsas. O que os mitos e a ciência têm em comum, segundo François Jacob, é que ambos são produtos da imaginação – a diferença é que os mitos falham quando confrontados com a vida real a qual pretendem explicar. As bobagens, entretanto, têm suas utilidades, pois, às vezes, é divertido estar absorto em *bunkrapt*[3] (bobagens falidas).

A Metafísica também tem suas utilidades. Entre as principais eu incluo, por exemplo, a noção de uma força vital, o "protoplasma", e a noção das causas finais, ou seja, a ideia de que a finalidade de um órgão ou de um episódio comportamental possa ter exercido uma espécie de tração causal, responsável por sua existência (como a teleologia aristotélica considera). Incluo, também, muito daquele estranho passatempo filosófico, *Naturphilosophie.*[*] A metafísica não é absurdo nem bobagem. A Metafísica muitas vezes é fonte de inspiração científica, bem como de ideias científicas frutíferas. A Metafísica, entretanto, pode ser uma *fraude* quando tem pretensões explanatórias e quando recorre à explanação científica, já que o mundo da ciência e do senso comum está do outro lado da fronteira que o separa do mundo da fantasia, da ficção e da metafísica.

---

de Buncombe, na Carolina do Norte". C. T. Onions, *Oxford Dictionary of English Etymology* (1966).

3 Uma palavra cunhada inadvertidamente por Paul Jennings quando tentava escrever *"bankrupt"* que, em português, significa falido.

* A história natural sob o ponto de vista filosófico; ideia que se desenvolveu na Alemanha no final do século XVIII. Segundo essa visão a explicação para a formação das espécies animais e vegetais estaria fundamentada nas ideias de progresso e teleologia. A natureza era vista como uma hierarquia de ordens que levava, por fim, à espécie humana (N.T.).

Meus ouvintes não parecem ter tido qualquer dificuldade na compreensão daquilo que entendo por religião e explanações religiosas. Mas, se me perguntarem o que quero dizer com isso, responderei que me refiro às explanações que apelam para os poderes de um Deus *pessoal*. Deveria insistir na noção de um Deus pessoal, pois nada pode ser mais insípido ou insatisfatório do que relacionar Deus com algum tipo de benevolência difusa que permeia o mundo material.

Quando eu formular as regras de demarcação apropriadas para a aceitação das estruturas explanatórias transcendentais, poderá parecer que, como existe competição entre tais explanações, as de caráter religioso seriam, sem dúvida, as melhores, ainda que muitos cientistas e filósofos – mas não todos – sintam que sua aceitação baseia-se num tipo de apostasia. Certamente, tal aceitação tem mais a ver com a fé que se baseia na *crença* –, tem a ver, segundo Kant, com "um tipo de consentimento conscientemente imperfeito".

A crença e a fé, à medida que requerem uma aquiescência conscientemente imperfeita, requerem, também, abdicação momentânea do domínio da razão, o que os racionalistas profissionais relutam em aceitar. Esse é um grave equívoco da parte deles – por um equívoco. Caso contrário, revela neles um certo tipo – seu próprio tipo – de coragem e compromisso a um princípio.

Capítulo 6
O propósito da explanação transcendental, e se a religião satisfaz tal propósito

Se, como eu temia, as questões sobre origem, destino e propósito do homem, que Karl Popper chamava de "questões últimas", são irrefutáveis, por que, então, esse "empenho impaciente" (como designado por Kant) para tentar respondê-las? Se tentarmos propor tais respostas, de que maneira devemos distinguir as respostas sérias daquelas que são superficiais ou excêntricas? Não vem ao caso questionarmos se essas respostas são verdadeiras ou não – verdadeiras no sentido convencional de corresponder à realidade – pois já concordamos que esse tipo de respostas não o farão. Fazemos tais questões pelo simples hábito de questionar, já que a ciência e a experiência do senso comum nos inculcaram tão profundamente que todas as questões têm respostas, e que existe uma razão para todas as coisas.

O que, então, devemos esperar das respostas transcendentais?

Penso que os cientistas são ingênuos quanto à ansiedade e à preocupação espiritual que surgem da incompreensão. Quando uma criança sente tal ansiedade, e importuna a mãe com aqueles "por quês", as respostas da mãe são paliativas e não explanatórias. Não é necessário que as respostas sejam certas ou mesmo compreensíveis – e frequentemente não são. A satisfação gerada por essas

98 PETER B. MEDAWAR

respostas é suficiente o bastante para paralisar, temporariamente, o ritual exploratório. Nós também, cientistas ou leigos, buscamos a paz de espírito. As respostas que queremos ouvir são aquelas que aliviam a ansiedade provocada pela incompreensão e afastam o medo da escuridão, tal como aquele mostrado pelas crianças aos três ou quatro anos, e pelos adultos, quando próximos do final da vida.

Embora eu acredite que a aceitabilidade das respostas transcendentais deva ser avaliada pelo grau com que tais respostas levam a uma paz de espírito, também creio que seja errado pensar que a congruência empírica – isto é, a correspondência da explanação com a vida real que constitui a essência das explanações científicas – possa ser completamente desconsiderada, pois independentemente do que mais que se possa esperar das respostas transcendentais, esperamos também que tais respostas não sejam excessivamente incongruentes com o mundo da experiência e do senso comum – pois, se a incongruência for flagrante e descarada, perderemos a paz de espírito. Essa incongruência se mostra mais evidente quando abordamos o problema do mal e quando tentamos reconciliar a ideia de um Deus benevolente com as tendências e os eventos que ocorrem no mundo natural. A Teologia, a rainha das ciências, tem-se debatido com tais problemas, mas não de maneira convincente o bastante para nos trazer paz de espírito.

CAPÍTULO 7
A QUESTÃO DA EXISTÊNCIA DE DEUS

No início deste artigo dei a palavra a Francis Bacon, por sua importância para a Filosofia da Ciência. Agora, próximo à conclusão, penso que, novamente, deveria dar-lhe a palavra. Francis Bacon foi um homem reverente, apesar da peculiaridade de suas ideias, o que levou Paolo Rossi a descrevê-lo como "um filósofo medieval assombrado por um sonho moderno".[1] Em sua Confissão de Fé, Bacon escreveu: "Acredito que no começo não havia nada, apenas Deus; nem natureza, nem matéria, nem espírito, mas somente Deus. Aquele Deus eternamente Todo-Poderoso, apenas sábio, apenas bom na Sua natureza, eternamente Pai, Filho e Espírito".

Como resultado de alguma cegueira espiritual ou de algum outro mal, não compartilho a reverência simples de Bacon, embora saiba que sua crença em Deus seja comum a muitos. Do contrário, acredito ser razoável dizer que acreditamos em Deus não porque Ele existe, mas sim que Deus existe porque acreditamos Nele. A despeito da dúvida corretamente vinculada às declarações epigramáticas

---

1 *Francis Bacon: From Magic to Science*, trans. S. Rabinovitch (Londres: Routledge & Kegan Paul, 1968).

100   PETER B. MEDAWAR

maculadas pela inteligência, o elemento da verdade no argumento que proponho foi há muito reconhecido numa blasfêmia comum do tipo: "O Homem criou Deus à sua própria imagem".

Deus e o Terceiro Mundo de Popper

Em *Pluto's Republic*, sumarizei e expliquei a concepção do terceiro mundo de Karl Popper, habitado pelas criações da mente, nos seguintes termos:

> O ser humano, diz Popper, habita ou interage com três mundos distintos: o Mundo 1 é o mundo físico ordinário, ou o mundo dos estados físicos; o Mundo 2 é o mundo mental, ou o mundo dos estados mentais; o "terceiro mundo" (É fácil entender por que ele prefere chamá-lo de Mundo 3.), ou o Mundo 3, é o mundo dos objetos do pensamento, reais ou possíveis – o mundo dos conceitos, das ideias, das teorias, dos teoremas, dos argumentos e das explanações – o mundo, vamos dizer, de todos os acessórios da mente. Os elementos desse terceiro mundo interagem uns com os outros, como os objetos ordinários do mundo material também o fazem: duas teorias interagem e levam à formação de uma terceira. A música de Wagner influenciou a de Strauss e esta, as que surgiram depois. Falamos de coisas da mente de um modo reveladoramente objetivo: "vemos" um argumento, "pegamos" uma ideia e "manejamos" números, com habilidade ou não. A existência do Mundo 3, inseparavelmente ligado à linguagem humana, é a mais humana de todas as nossas possessões. Este terceiro mundo não é uma ficção, insiste Popper, mas existe "na realidade". É um produto da mente humana, mas mesmo assim é, em grande parte, autônomo.

Em seu próprio relato (*Objective Knowledge: An Evolutionary Approach*, Oxford, 1972), Popper dá mais ênfase do que eu aos sistemas teóricos, argumentações e situações-problema do seu terceiro mundo.

Considerado elemento desse terceiro mundo, Deus tem o mesmo grau de realidade objetiva que os outros produtos da mente, o que

OS LIMITES DA CIÊNCIA **101**

condiz com a crença num Deus ao qual recorremos com louvor e reverência e que obedecemos ou, de outra maneira, por Ele somos influenciados. Fazemos imagens Dele, e acreditamos que fomos feitos à Sua imagem. Durante a oração entramos num diálogo imaginário com Ele, e buscamos Nele conforto e conselhos. Finalmente, acreditamos em Deus como um agente, ou seja, a Causa Primeira. A existência objetiva de Deus permanece na nossa crença; se tal crença acabar, a reverência e o diálogo terminarão também, e não poderemos mais olhar para Ele como a Causa Primeira.

Muitas pessoas de quem gosto e a quem admiro agem assim, obtendo apoio e conforto; eu, em nenhuma hipótese sinto orgulho dessa minha descrença. Embora não tenha a capacidade de simular qualquer outra crença, gostaria que meu comportamento – sem as encenações da confissão de uma fé que não acredito – fosse tal, que as pessoas me tomassem por um homem religioso com relação à obsequiosidade, ponderação e outras evidências de uma disposição para tornar o mundo cada vez melhor. Resumindo, gostaria de ser visto como possuidor das virtudes que, com razão, os judeus detestam ouvir serem chamadas de "virtudes cristãs".

Lamento minha descrença em Deus e nas respostas de cunho religioso, pois acredito que tais respostas dariam satisfação e conforto para muitos, se fosse possível descobrir e propor boas razões filosóficas e científicas para acreditar em Deus.

Não seria justo atribuir minha descrença ao fato de eu ter uma vida acadêmica amparada, com menos necessidade de conforto e apoio do que aqueles que levam uma vida mais turbulenta ou mais infeliz, ou, ainda, mais arriscada do que a minha. Por duas vezes, durante a minha vida, estive à beira da morte, devido a acidentes vasculares cerebrais, mas confesso não estar nem um pouco ansioso para permitir que a doença conclua seu ciclo natural. Nunca blasfemei por Deus ter-me privado do uso de dois membros, mas não O agradeço e nem O louvo por ter-me poupado os outros dois. Nessas duas ocasiões não busquei nenhum conforto da religião e nem no pensamento de que Deus estava olhando por mim. Certamente, se não tivesse desaprovado seu famoso poema com base em fundamentos literários – esse tipo de bravata é irritante – eu deveria obter mais conforto de William Ernest Henley, que professava ser mestre do seu destino e que agradecia a Deus por ter-lhe dado uma alma indomável. Mas não há nenhum tipo de conforto aqui. Ninguém mais do que eu sabia que nenhum ser humano é invencível; somos apenas heroicos. O que importa é não ser derrotado. Não me considero vítima nem beneficiário dos desígnios divinos, e não acredito – embora admita que gostaria de acreditar – que Deus olhe pelas criancinhas da melhor maneira possível (isto é, como fazem os pais, os pediatras e os bons professores). Não acredito que Deus aja assim, porque não existe nenhuma razão para acreditar. Aliás, suponho que esse seja apenas o meu problema: sempre desejar razões.

Abdicar do reinado da razão e substituí-lo por uma autenticação da fé, por pura convicção, pode ser perigoso e destrutivo. A crença religiosa dá uma dimensão espiritual espúria para as animosidades tribais, como vemos nos Países Baixos, Ceilão, Irlanda do Norte e partes da África. Nenhuma crença religiosa tem sido sustentada com maior paixão ou grau de convicção do que a Metafísica do sangue e da terra, a qual muito inspirou a Alemanha de Hitler. Afinal de contas, não teria essa mesma Alemanha surgido, também, de uma convicção apaixonada, como aquelas que autenticam as crenças religiosas?

O problema do sofrimento ainda não foi resolvido, embora esse problema tenha sido ocultado por uma nuvem de artifícios teológicos e por exteriorizações de pensamentos ambíguos que escondem ou não nos deixam perceber a existência da verdade mais inoportuna. Decorre da intensidade passional e da convicção profunda de uma crença religiosa, e, naturalmente, da importância das práticas supersticiosas que a acompanham, que deveríamos querer que os outros a compartilhassem conosco. A única maneira certa de criar uma crença religiosa compartilhada por todos é liquidar os não crentes. O preço que a humanidade paga em sangue e lágrimas pelo conforto espiritual que a religião traz a uns poucos é muito alto para justificar nossa confiança na contabilidade moral da crença

OS LIMITES DA CIÊNCIA **103**

religiosa. Por "contabilidade moral" entendo o julgamento de que tal ou qual ação seja certa ou errada, ou de que um homem seja bom e outro seja mau.

Sou um racionalista – típico da nossa época, eu admito – mas normalmente reluto em me declarar assim, devido ao equívoco difundido em relação à distinção entre o *suficiente* e o *necessário*, tão essencial à discussão filosófica. Não acredito – e acho uma bobagem acreditar – que o exercício da razão seja *suficiente* para explicar e, talvez, para remediar a nossa condição; mas acredito que o exercício da razão seja sempre *necessário*, e que corremos um risco se o negligenciarmos. Tanto eu quanto meus colegas acreditamos que este mundo pode se tornar um lugar melhor para se viver (ver p.38-53) – acredito, certamente, que já venha ocorrendo uma melhora, apesar das falhas as quais tenho de admitir. Grande parte dessa melhora deve-se à Ciência Natural, e tanto eu quanto meus colegas cientistas estamos imensamente orgulhosos disto. Receio que nunca seremos capazes de responder às questões relacionadas às coisas primeiras e últimas, questões que dizem respeito à origem, ao propósito e ao destino do homem. Temos de ter consciência, entretanto, de que, como indivíduos ou seres políticos temos um papel importante com relação ao nosso futuro. O que poderia ser nosso destino a não ser o que nós fazemos dele?

Para as pessoas otimistas, essa ideia é uma fonte de vigor e de força, de uma justa e honrosa ambição.

O desânimo que pode surgir da nossa incapacidade para responder às questões relacionadas às coisas primeiras e últimas desde muito tem levado as pessoas comuns a elaborarem para si o mesmo remédio de Voltaire: "Devemos cultivar nosso próprio jardim".

ÍNDICE REMISSIVO

Abbe, Ernst, de Jena, físico óptico, 80
Adivinhação na ciência, 33, 51, 84
Aviões, limitação de tamanho, 73
Alice, livros de, 82
Ambiente, ciência e espoliação, 22
Andreae, J. V., *Christianopolis*, 42
Animais, experimentos com, 42, 51
Anticientífico, 10
Arcádia e Utopia, 42, 43
Aristóteles, 44, 67
Arte do solúvel, 30, 35, 40
Ascaris, extrato de, 38
Autolimitação do crescimento, 69, 70, 73, 74, 77
Ayer, A. J., 84 *Language, Truth and Logic,* 10
Bacon, Sir Francis, 10, 18, 24, 37, 42, 46, 47, 49, 63, 64, 67, 68
    estilo aforístico, 10
    sobre as limitações da ciência, 79
    New Atlantis, 39, 42, 46
    De Dignitate et Augmentis Scientiarum, 68
    confissão de fé, 99

The Great Instauration, 46, 63, 64

Novum Organum, 18, 63

Valerius Terminus, 46

Banguela, "Deus da Cárie", 28

Baker, J.R., 50

Beerbohm, Max, Lei indutiva de, 84

Billingham, R.E., 32, 34, 35

Bittner, J.J., 51

Boswell, J., *Life of Johnson*, 68, 87, 89

Brent, L., 34, 35

Buncombe, "bunk", 94, 95

Burnet, Sir Macfarlane, *The Production of Antibodies*, 10, 36

Burt, Sir Cyril, fraudes de QI, 40

Campanella, T., *City of the Sun*, 42

Carroll, Lewis, livros de *Alice*, 82

Chadwick, E., 29, 30, 43

Carlos I da Espanha, 65

Ciência aplicada, 22

Clark, K., 22

Coleridge, S.T., sobre criatividade, 84

> *Aids to Reflection*, 23
>
> *Biographia Literaria*, 88
>
> *A Preliminary Treatise on Method*, 9, 14
>
> sobre imaginação, 88
>
> sobre inferência "científica", 23, 27
>
> sobre teologia, 82

Comenius, J. A., 45, 63

Críquete e ciência, 20

Ciência e cultura, 21

Ciência e poesia, 56

"Ciência", homófonos de, 13

Ciência, programa e propósito, 46, 47

Curare, 52

Curie, M., 37

Daniel, o profeta, 63

OS LIMITES DA CIÊNCIA **107**

Dausset, J., 51
Demarcação em metodologia, 90, 96
Denny-Brown, D., 52
"Deus da Cárie", 28
Descartes, R., *Discurso do método,* 9
    sobre imaginação, 88
Diabete, dependente de insulina, 50
Dickens, C., *Hard Times,* 27
Discursos de formatura, 17
Donald, H., 31
Dubos, R., *ver* Ward, Barbara, 17
Empiricus Sextus, paradoxo de, 25
Engels, F., 29
Esclerose múltipla, 50
Espondilite anquilosante, 50
Euclides, teoremas de, 69
Excerpta Medica, 74
Experimento com animais, 40, 42
Experimentos "da luz", 18
Express, Sunday, 23
Fenner, F., *The Production of Antibodies,* 10, 33, 34
Florey, H.W., 37
Fraude na ciência, 39, 40
Gênesis, citação, 94
Gimcrack, Sir N., 18
Glanvill, Joseph, *Plus Ultra,* 67
Gombrich, Sir Ernst, 11, 22
Gorer, P. A., 31, 51
Gradgrind, Thomas, em *Hard Times,* 27

Halley, cometa de, 14
Halsted, W.S., 50
Hasek, M., 36
Henley, W.E., mestre de seu destino, 102
Hércules, Colunas de, 11, 63, 65

Hobbes, T., teorema de Pitágoras, 84
Hodgkin, A.L., 53, 57
Hipóteses, 67, 86, 88, 89, 90
Imaginação, 90, 95
Indução, 23, 24
Inferência "científica", 23, 27
Informação, Lei da Conservação da, 11, 24, 82, 83, 85, 86
Inteligência artificial, e descoberta, 82
Irwin, M.R., 33
Jacob, F., sobre mitos, 95
Jenner, E., estátua de, 30
Jensen, CO., descoberta do transplante de tumor, 51
Johnson, Samuel, sobre imaginação, 87, 89
      sobre questões irrefutáveis, 87, 97
Jatos jumbo, aterrissagem de, 73
Kant, Immanuel:
      Crítica da Razão Pura, 87
      Introduction to Logic, 10
      sobre o critério da demarcação, 90
      sobre crença, 96
      terminologia, 34
      sobre questões transcendentais, 93
      sobre questões irrefutáveis, 97
Keynes, J.N., *Studies and Exercises in Formal Logic,* 25
Kuhn, T., sobre metodologia, 55, 89
      The Structure of Scientific Revolutions, 89
Landsteiner, K.: *The Specificity of Serological Reactions,* 10
Langley, Pat, Bacon 3 programa, 85
Lei da Conservação da Informação,
ver Informação, Lei da Conservação da
Leis indutivas, como adivinhações, 84, 85
Le Chatelier, Teorema de, 82
Leonardo da Vinci, cadernos, citação, 36
Lévi-Strauss, C., sobre mitos, 93
Lindstrom, A.J., 52

Lowes, J.L., *The Road to Xanadu*, 86
Lysenko, T.D., 36
Magee, B., *Towards Two Thousand*, 30
Malthus, apocalipse, 69
Maximov, A.A., 38
McCurdy, E., *Leonardo's Notebooks*, 43
McMichael, Sir John, 50
Medawar, P.B., *Pluto's Republic*, 24, 50, 63, 98
Metodologia da ciência, 50, 52
Microscopista, parábola do, 75, 76
Microscópio, luz, resolução, 77, 78
Mill, J. S., 24, 25, 26, 40, 55, 86
    A System of Logic, 24
Biologia molecular, genética, 73
Montagu, Lady Mary Wortley, 41
Moynihan, B.G., Lord Moynihan, 50
Mumford, L., 43, 44
Miastenia grave (M.G.), 52
Mitos, 91, 92, 93
Newsom-Davis, J., 52, 57
Nicolson, M.H., 11, 64
Owen, R.D., 33
Parábola do microscopista, 77, 79
Peacock, T.L., *The Four Ages of Poetry*, 10
    Headlong Hall, 41
Pearson, K., *The Grammar of Science*, 24, 55
Peirce, C.S., 15
Platão, sobre inspiração, 86
Polimorfismo HLA, 50, 51
Popper, Sir Karl, 11, 25, 55, 59, 66, 91, 95, 98
    Logic of Scientific Discovery, 24
    Objective Knowledge, 98
    sobre o positivismo, 66
População, autolimitação do crescimento, 69
Power, H., *Experimental Philosophy*, 65

110 PETER B. MEDAWAR

Propósito da ciência, 46, 47
Esquilo pigmeu, 70
Pitágoras, teorema de, 81
QI, fraudes de, 39
Questões últimas, 66
Raciocínio científico, Coleridge sobre, 13
Radcliffe, Mrs. Ann, escritora gótica, 75
Raios Roentgen, 50
Raios X, 50
Rosenthal, E., 64
Rossi, P., *Francis Bacon: From Magic to Science*, 97
Rowlands, H.A., Lei da Conservação do Conhecimento, 11
Royal Society de Londres, 18, 44, 45, 49
Russell, B.A.W. (Earl Russell), 28, 67
Sextus Empiricus, 25
Shadwell, T., *The Virtuoso*, 18
Shelley, Mary, escritora gótica, 75
Shelley, P.B., *Defence of Poetry*, 9, 27, 56, 86
Sherrington, C.S., 52
Sidney, Sir Philip, 9, 14, 15, 31
    Apologie for Poetrie, 9
Sorte na descoberta, 49, 53, 54
Simpson, J.A., 53, 57
Edifícios, limitação de altura, 70
Snell, G. D., 31, 51
Solúvel, Arte do, 30, 37
Especialização na ciência, 73
Spencer, Lei de, 70
Sprat, T., 18
Strong, L., 51
Tarski, A., 15, 16
Taylor, J., 23
Teologia, 18, 83, 96
Terceiro mundo de Popper, 98
Tolerância imunológica adquirida: descoberta, 33, 35, 53

OS LIMITES DA CIÊNCIA **111**

Verdade, 14, 15, 16, 17
    poética, 145
    teoria da correspondência, 15, 88, 96
Ultima Thule, 15
Utopias, 42, 43
Vacinação contra varíola, 41, 43
Virtuoso, The (Shadwell), 15
Voltaire, 41, 101
    Lettres Philosophiques, 41
Ward, Barbara, *Only One Earth*, 17
Wekerle, H., 53
Weldon, Thomas Dewar, 9
Whewell, W., 10, 19, 23, 24, 25, 26, 40, 55, 86
    uma arte da descoberta não é possível, 25
    estilo aforístico, 10
    History of the Inductive Sciences, 23
    sobre hipóteses, 24, 40, 55, 56
    método hipotético-dedutivo, 26
    Philosophy of the Inductive Sciences, 19, 23
    "cientista", criação, 56
Whitehead, A.N., 9
Wittgenstein, L., *Tractatus logico-philosophicus*, 67
Wodehouse, P. G., Lei Indutiva, 81
Woolton, Lord, ministro do abastecimento na Inglaterra, 29
Wordsworth, W., sobre imaginação, 87
Young, J.Z., 9
Zoologia, avaliação de Coleridge sobre, 14

SOBRE O LIVRO

Formato: 14 x 21 cm
Mancha: 25 x 41 paicas
Tipologia: Horley Old Style 10,5/14
Papel: Offset 75 g/m² (miolo)
Cartão Supremo 250 g/m² (capa)
1ª edição: 2008

EQUIPE DE REALIZAÇÃO

Edição de Texto
Sonia Augusto e Antonio Alves *(Preparação de original)*
Beatriz Simões e Bruna Baldini de Miranda *(Revisão)*
Kalima Editores *(Atualização ortográfica)*

Editoração Eletrônica
Entreletra Produção Gráfica *(Diagramação)*

Impressão e acabamento